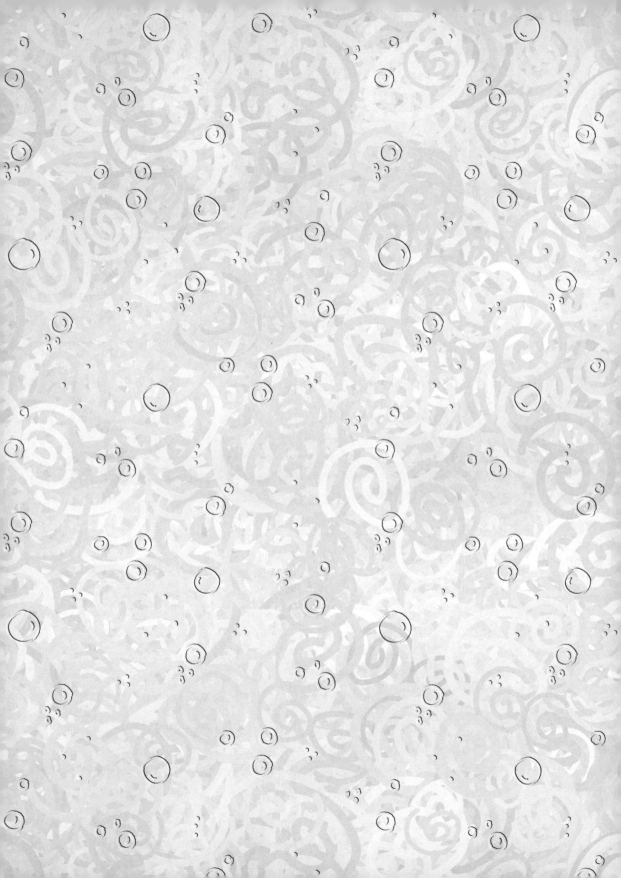

天然氣泡酵素飲

超級食物！魔力排毒飲

彭秋婷
方慧珠 ｜ 著

神奇氣泡酵素飲，聽起來就很厲害的感覺，喝過的人都因此而被綁架，因為太好喝了！

　　風味獨特像水果啤酒的柔順，天然的氣泡經過水果發酵產生酵母菌與乳酸菌，形成天然的水果氣泡水，非常奇妙的組合，喝了就會讓人上癮的神奇氣泡酵素飲。

　　這次書籍結合酵媽媽臺灣經銷商，謝謝酵媽媽官方合夥人吳家慈小姐提供許多寶貴的資訊與出版社結合，出版社 薛永年總經理、林啟瑞林副總慧眼識英雄，發現天然酵素飲的商機，再由我彭秋婷與方慧珠兩位老師聯合寫的一本有關酵素飲應用工具書。

　　這本氣泡酵素飲的武功秘笈，充滿知性，結合知識與健康以及養生的觀念。希望大家對酵素桶製作的氣泡酵素飲，有更深一層的認識。

　　酵素關鍵密碼是我們身體需要的酶，酵素在我們人體中扮演十分重要的角色，酶可助消化，將食物營養素充分分解合成再利用，可促進新陳代謝，維持各項生理機能，讓我們變的更健康。

　　慧珠老師與我絞盡腦汁使用酵素桶製作酵素飲，將神奇的酵素飲延伸製作各式各樣不同的點心與料理，具有特色多元化研發台灣最具代表性的傳統米食，觀念對了！想法對了！利用知識做點心做料理，吃進的食物最大受益，帶給身體不同的效應。

　　書中分享給讀者，用知識做料理的方式，加上天馬行空以及豐富想像力，再創一本另類的書籍，書中充滿健康活力彩色的世界，這是我第五本的著作，謝謝大家的支持，未上市也已經造成轟動了，

秉持分享傳遞健康美味，創造商機無限大，一切美好從健康開始。

彭秋婷

人生中，總是會遇到魔幻時刻；
還記得，嚐到第一口新鮮酵素飲的那天，
就是我的魔幻時刻

看起來像是果汁的飲品，裝在透明瓶子裡，還不斷的有小氣泡往上衝。抱著嚐鮮的心情，淺嚐一口，很有層次的滋味，喝得出來水果的鮮甜，尾韻帶點酒精醉人的感覺，卻又不是酒。

一問之下，原來是用新鮮水果釀造出來的酵素飲；更絕的是，這竟然是自己在家動手做，就能成功製作的飲品。

這完全引起了我的好奇心。一直以來，我對釀造技法，有著極大的興趣，也在釀造上耕耘了好些年。但這只要二至三天就能發酵完成的酵素飲，顛覆了我以往的認知。更別說這口感根本是人喝人愛，每回有朋友來家裡，只要把鮮果酵素飲端上桌，大伙兒豪飲的樣子，著實令我感到好笑卻又成就感十足。

就這樣，我一頭栽進了新鮮酵素飲的世界裡，期待開瓶時，氣泡往上衝的樣子。感謝酵媽媽官方合夥人吳家慈小姐提供資訊，讓我更了解，隨著越來越多次的研發及實驗，我也開始投入研究酵素與人體的關係。

一次偶然的機會下，優品出版社社長喝到了我親手做的鮮果酵素飲，也認同我想要推廣酵素飲、推廣健康飲食的心願。於是，我們一拍即合，就有了出版這本書的起心動念。

有了出書的機會，說實話，內心誠惶誠恐；畢竟年過半百，能在烘焙飲食這條路上，遇見伯樂，實屬不易。而我又熱切地想與各位讀者們，分享這新鮮酵素飲的一切美好，於是，一步一腳印，築夢踏實的，寫出這本書的內容。每一個配方，都是經過我親手試驗的心血結晶。

舉一反三，觸類旁通，是飲食領域不斷創新的不二法門。發酵技法的素材從原本的新鮮水果，逐漸轉為開發全食品的應用，譬如將發酵後的水果渣拿來當酵母，製作發糕、蛋糕；新鮮酵素加入麵粉裡變成液種，做成麵包；還可以做成優格再做成冰棒。

從酵素應用的研發中，我發現了許多的美好。期待各位讀者，跟我一起進入這有趣又健康的酵素世界。

2022 年蒲月 於桃園自宅

方慧珠

　　鑑於現代醫學科技的進步，人們追求健康、抗衰老的心願越發強烈，基本的健康人人可以從自身做起，「酵素」對人體的益處多多，在幾十年耳濡目染，教育薰陶之下，酵素的好，大家已逐漸地心領神會，深植人心了。

　　為了讓大家對酵素有更深刻的認知、了解，酵素也可以衍生製作各式食品：琳瑯滿目的甜品、五彩繽紛的各種可口麵包、包子，各種別具特色、色香味俱全的美食。集眾人智慧努力製作，最終完成這本天然酵素書。本書邏輯清晰，透過圖文並茂的說明講解，把知識轉譯成淺顯易懂的文字，是一般社會大眾的入門酵素飲書，也是非常有參考價值的一本酵素飲工具書。

　　希望看過此書的人，更喜歡酵素，更愛喝酵素，把酵素不知不覺地融入生活，成為全民運動，讓人人更健康，家人更幸福快樂。

阿米巴巴營運長
酵媽媽官方合夥人　　　吳家慈

Part 1
淺談酵素飲

Part 2
製作酵素飲

12 ✦ 五星必讀的！如何製作本書酵素飲

14 ▶ 材料介紹篇

16 ▶ 製作酵素飲推薦工具

18 ▶ 酵素飲的飲用建議

20 ▶ 飲用酵素飲後常見的身體反應

21 ▶ 酵素飲帶來的身體變化

24 ▶ 酵素飲基本製作

30 No.1 櫻桃水蜜桃鮮酵飲

31 No.2 百香果鳳梨鮮酵飲

32 No.3 火龍果鮮酵飲

33 No.4 蓮霧芭樂鮮酵飲

34 No.5 葡萄鮮酵飲

35 No.6 百香果芭樂鮮酵飲

36 No.7 鳳梨鮮酵飲

37 No.8 橘子香茅鮮酵飲

38 No.9 蝶豆花鮮酵飲

39 No.10 奇異果鮮酵飲

40 No.11 洛神花鮮酵飲

41 No.12 草莓香蕉鮮酵飲

42 No.13 樹葡萄鮮酵飲

43　No.14　橘子鳳梨鮮酵飲

44　No.15　甜桃鮮酵飲

45　No.16　雙棗鮮酵飲

46　No.17　雙梅鮮酵飲

47　No.18　桑葚鮮酵飲

48　No.19　芒果鮮酵飲

49　No.20　木瓜香蕉鮮酵飲

50　No.21　蔬菜鮮酵飲

51　No.22　芭樂香蕉鮮酵飲

52　No.23　黑枸杞鮮酵飲

53　No.24　甜菜根鮮酵飲

54　No.25　薑棗鮮酵飲

55　No.26　黃耆蘋果鮮酵飲

56　No.27　桂花檸檬鮮酵飲

57　No.28　香蕉鮮酵飲

58　No.29　大蒜鮮酵飲

60　No.30　水梨鮮酵飲

61　No.31　番茄蘋果鮮酵飲

62　No.32　芭樂鮮酵飲

63　No.33　澎大海菊花鮮酵飲

64　No.34　原味／草莓優格

番外篇、酵素飲雞尾酒！

66　No.35　櫻桃雞尾酒

67　No.36　橘子鳳梨雞尾酒

68　No.37　洛神花雞尾酒

69　No.38　水梨雞尾酒

Part
3
酵素飲的
延伸變化

漬物

72　No.39　酸豆漬物

74　No.40　火龍果蘿蔔漬物

76　No.41　甜菜根漬物

78　No.42　泡椒

80　No.43　泡菜

82　No.44　酸白菜

煎餅

84　No.45　蔬菜煎餅

86　No.46　甜菜根煎餅

果醬

88　No.47　鳳梨果醬

90　No.48　百香果鳳梨果醬

　　No.49　櫻桃果醬

92　No.50　奇異果果醬

　　No.51　芒果果醬

冰棒、軟糖

94　No.52　水果優格冰棒

96　No.53　QQ 軟糖

發糕

98　No.54　繽紛發糕

100　No.55　黑糖發糕

102　No.56　黑糖米糕

包子饅頭、涼糕

104 No.57 酵素白饅頭 / 圓饅頭

106 No.58 酸白菜包

110 No.59 千層果醬饅頭

114 No.60 三色涼糕

延伸飲品

116 No.61 黑木耳飲

118 No.62 白木耳飲

蛋捲、鬆餅

120 No.63 蛋捲

122 No.64 鬆餅

麵包、蛋糕

124 No.65 果渣核桃吐司

126 No.66 桂圓紅棗黑糖吐司

128 No.67 玄米油核果麵包

130 No.68 果香帶蓋吐司

132 No.69 鳳梨戚風蛋糕

134 No.70 鳳梨香蕉蛋糕

136 No.71 巧克力鳳梨香蕉蛋糕

Part
1

淺談酵素飲

五星必讀的！如何製作本書酵素飲

Mile Six：製作的六里路

第 1 里路
認識
詳閱「Part 1、淺談酵素飲」，酵素飲入門，對酵素飲有基本認知，知道需要用到哪些工具、飲用後有哪些常見身體反應等。

第 2 里路
挑選
準備開始製作，參閱目錄挑選想做的口味，翻至該頁數參考配方備料。

（右頁說明）

第 3 里路
製作
參考 P.24~26 閱讀前置處理方法（桃字為必讀重點），製作到第一天封桶。

第 4 里路
發酵
參考 P.26~27 閱讀封桶、發酵方法、發酵後開桶翻攪的方法。

第 5 里路
紀錄
參考 P.28 的範例紀錄單，進行試喝與紀錄發酵數據；根據 P.29 判斷可否出桶。
（請見 P.17 分裝入瓶說明）

第 6 里路
認識
除了直接喝之外，「酵素飲」與製作後的「酵素飲渣」也可以變化其他美味。再次參閱目錄，挑選想做的產品吧～

（第 2 里路：產品標示說明）

產品名稱
透過產品名稱判斷
主原料為何，根據
目錄挑選製作

影片 QRCODE
掃描可看影片

「賞味期限」寫
的是酵素飲產品
口感最好的時
間；「保存期限」
則提供最久的保
存方法與時間

材料共分三區
A 區、B 區、C 區

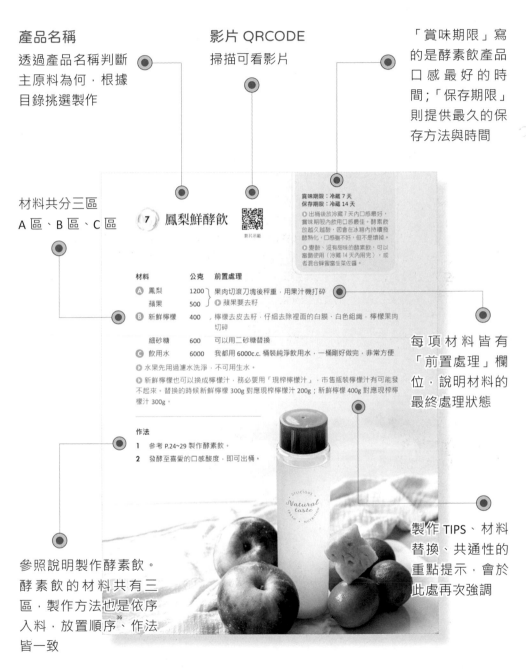

7 鳳梨鮮酵飲

賞味期限：冷藏 7 天
保存期限：冷藏 14 天
◎ 出桶後放冷藏 7 天內口感最好，
賞味期限內飲用口感最佳。酵素飲
放越久越酸，因會在冰箱內持續發
酵熟化，口感雖不好，但不是壞掉。
◎ 臺酸、沒有甜味的酵素飲，可以
盡酌使用（冷藏 14 天內用完），或
者混合蜂蜜當生菜佐醬。

材料		公克	前置處理
Ⓐ	鳳梨	1200	果肉切滾刀塊後秤重，用果汁機打碎
	蘋果	500	◎ 蘋果要去籽
Ⓑ	新鮮檸檬	400	檸檬去皮去籽，仔細去除裡面的白膜、白色組織，檸檬果肉切碎
	細砂糖	600	可以用二砂糖替換
Ⓒ	飲用水	6000	我都用 6000c.c. 桶裝純淨飲用水，一桶剛好做完，非常方便

◎ 水果先用過濾水洗淨，不可用生水。
◎ 新鮮檸檬也可以換成檸檬汁，務必要用「現榨檸檬汁」，市售瓶裝檸檬汁有可能發不起來。替換的時候新鮮檸檬 300g 對應現榨檸檬汁 200g；新鮮檸檬 400g 對應現榨檸檬汁 300g。

作法
1　參考 P.24~29 製作酵素飲。
2　發酵至喜愛的口感酸度，即可出桶。

每項材料皆有
「前置處理」欄
位，說明材料的
最終處理狀態

製作 TIPS、材料
替換、共通性的
重點提示，會於
此處再次強調

參照說明製作酵素飲。
酵素飲的材料共有三
區，製作方法也是依序
入料，放置順序、作法
皆一致

⬆ 以 No.7 鳳梨鮮酵飲（P.36）進行說明

Part 1 淺談酵素飲

材料介紹篇

水果

酵素飲不可或缺的就是「水果」，酵素飲的「酵素」從何而來？答案就藏在水果中。我最常使用的兩種水果是蘋果、檸檬，這兩個材料被我視為酵素飲的基底。

檸檬

檸檬也含有豐富的維生素 C，並且檸檬有一個獨特的檸檬香氣，如果對檸檬過敏者，可改用綠色奇異果代替

鳳梨

鳳梨是夏季盛產的食材，也會使用，但廣泛度不像檸檬、蘋果那麼高

蘋果

蘋果含有多種維生素、蘋果酵素，果香濃郁，酸甜柔和

檸檬及蘋果是水果裡無論搭配何種水果都能和諧共存的配角，所以我最常用這兩款水果當酵素飲的基底。

在挑選水果方面，要選擇新鮮、完整而不是快要壞掉的水果來製作，例如：香蕉、木瓜約選擇 8 分熟，而不是熟透的。

糖

糖的使用可以使用原形糖：例如二砂糖、細砂糖。使用代糖可用：赤藻醣醇、羅漢果糖、甜菊糖、蜂蜜、黑糖、椰糖。二砂糖、細砂糖便宜好用；代糖為人體不會吸收但成本較高。

二砂糖 ▼　　　　　　　　　　　　　細砂糖 ▼

再次提煉後

　　蔗糖的加工第一階段便是「二砂糖」，此時的糖還保有褐色光澤，並未被精緻化，下一階段會把二砂糖中的雜質再次去除，變成精緻化的「細砂糖」，到細砂糖階段可以觀察到糖的體積明顯再小一號，顏色轉為純白顆粒感，相同份量吃起來甜度更高。

　　大家可能會好奇，這樣看起來細砂糖是更精緻、更好的糖，為什麼二砂糖沒有被淘汰呢？答案是「風味與甜度」。二砂糖比起細砂糖單純的甜味，更加具備蔗糖本身的特色，是甘甜、甘甜的風味，而細砂糖雖然精緻化後把雜質去除了，但同樣被帶走的還有食材本身的風味。這兩種糖都可以拿來做酵素飲，因為他們是原形糖。

飲用水

　　水龍頭流出來的水需煮沸後放涼才可使用。家中裝的過濾水，如果過濾至純水，不可以使用。市面上賣的桶裝水，可買麥飯石水、竹炭水、山泉水。

　　為何不能使用純水呢？因為發酵時需要有「礦物質」幫助進行發酵。加熱過的水，一定要放涼才可使用。

製作酵素飲推薦工具

漏斗

分裝入酵素瓶會
需要的漏斗，不
使用漏斗的話，
分裝時會漏的整
個桌子都是。

♻ 塑膠瓶 PET
（本書簡稱酵素瓶）

市面上有販售。買回
來後需用過濾水另外
清洗。

絕對不可以使用玻璃
瓶，因為開瓶時氣體
容易炸開，玻璃瓶會
爆炸。

濾網

出桶時透過濾
網把「酵素飲」
與「酵素飲渣」
過濾分離。

勺子 / 湯勺

翻攪的時候會用到的勺子，勺
子務必用飲用水清洗。

試喝時絕對不能對著嘴喝。人
類最古老的酒是「口嚼酒」，
唾液是最早的酵素，用勺子試
飲會影響發酵。

酵媽媽酵素桶
使用說明在右頁。

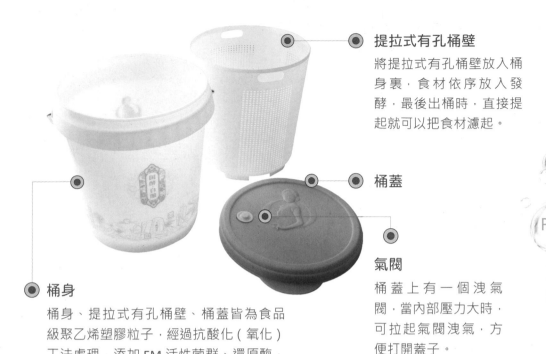

提拉式有孔桶壁

將提拉式有孔桶壁放入桶身裏，食材依序放入發酵，最後出桶時，直接提起就可以把食材濾起。

桶蓋

氣閥

桶蓋上有一個洩氣閥，當內部壓力大時，可拉起氣閥洩氣，方便打開蓋子。

桶身

桶身、提拉式有孔桶壁、桶蓋皆為食品級聚乙烯塑膠粒子，經過抗酸化（氧化）工法處理，添加 EM 活性菌群、還原酶，在發酵過程中，讓大分子變成小分子。

　　為什麼不使用「玻璃甕」發酵？因為用玻璃甕使用上較為不便；第一，使用前須用熱水燙過加烤乾；第二，材料都入桶後會變得非常沉重，力氣不夠就會摔破；第三，用玻璃甕要發酵三十天才能完成發酵飲，容錯率低，並且若瓶子蓋太緊，開桶時氣會往上衝，整桶材料會爆開。

出桶方法

1　酵素飲發酵完畢後準備好左頁工具。把專用酵素瓶蓋打開，放上漏斗。

2　一手拿著濾網，一手用勺子把酵素飲舀起，透過濾網過濾，分裝進酵素瓶中。

3　一勺一勺慢慢倒入→過濾，分裝成瓶。不要另外用一個桶子一口氣過濾，避免桶子不乾淨，二次汙染。

▶ 瓶蓋不要擰太緊，分裝不能裝太滿，裝約 8 分滿即可。酵素在瓶中也會持續發酵，裝太滿開瓶時氣體會爆開。

▶ 收納時不能倒著放，鮮酵素飲一定要直立著放，裡面的酵素還是會持續發酵。

酵素飲的飲用建議

　　酵素飲不是飲料，它不像茶、飲料可以一口氣喝掉 1/3 杯、1/2 杯都沒事。酵素飲屬於「發酵飲品」，我們不會把優酪乳、優格當成飲料喝，酵素飲也是，飲用以一口為宜，少量的喝，一次喝 100c.c. 即可，喝太快、太急，體內血液循環中加速，身體容易頭暈、想睡覺。

問 酵素飲出現這個狀態是壞掉了嗎？

答 沒有壞，代表裡面酵素持續在發酵。

問 為什麼會有這個現象呢？

答 酵素飲是有生命的，酵素，就算放在冰箱一樣會繼續發酵。

問 這個現象會讓口感有任何變化嗎？

答 口感喝起來像是氣泡飲，好喝極了。

問 上層的酵素渣可以另外取出運用嗎？

答 瓶口出現的發酵物可以拿來敷臉、敷手，大家知道日本發酵豆製品產業的員工手都特別細嫩嗎？就是因為長期接觸發酵物哦！

飲用酵素飲後常見的身體反應

每個人喝酵素，所產生反應都不同，最常遇到的反應有 4 個：

✅ 頭暈暈感覺很累想睡覺

✅ 全身發熱

✅ 腸道不好喝酵素會一直放屁

✅ 有些便祕的人，喝酵素會排便數次

我們的身體無時無刻都在運轉著，最不可缺少的就是酵素，就像吃進很多蛋白質、澱粉、碳水化合物...等等，沒有酵素來當媒介，吃再多的營養物質身體也無法吸收。酵素可以幫助消化、通便順暢、抗老化，體內循環好，體外的皮相就好，皮膚光滑變年輕。

自釀酵素飲好處有食材新鮮、自己動手做食材看的見，自己做的肯定最用心，新鮮蔬果真材實料。酵素主要的功效就是幫助分解、消化食物，讓人體得以吸收利用養分。

酵素飲帶來的身體變化

- ✓ 改善長期睡眠，可以讓人睡的很深層，早上精神好。以前晚上都無法入睡，半夜醒來就睡不著。

- ✓ 兒子有便祕，每次喝完酵素飲就想排便，體質變的比較不怕冷。

- ✓ 在還沒喝酵素前，兒子每天都頭暈想吐，開始喝酵素飲後，頭不暈，血液循環變好，可能是代謝正常的關係，身型居然還有變瘦。

- ✓ 學生分享她媽媽喝了酵素後，每天測高血壓每天都正常。

- ✓ 生理期來時，經血排的更乾淨。

- ✓ 開始飲用時，有段時期，皮膚搔癢變嚴重了；但繼續飲用後症狀慢慢減緩，與飲用前相比，搔癢減緩許多。

- ✓ 學生分享長期抽菸，喝了酵素痰變多，抽菸變不舒服，只好戒菸。

- ✓ 學生分享爸爸睡覺每天要吃 2 顆安眠藥，喝了酵素之後便只吃一顆安眠藥。有時甚至不需要吃安眠藥也睡得著，現在長期繼續喝。

- ✓ 喝了 3 個月，胃食道逆流發作次數越來越少。

- ✓ 媽媽皮膚超級乾，天天喝鮮酵素，現在看起來不會覺得乾，改善很多。

- ✓ 喝了幾年體質變得比較不怕冷。

Part 2

製作酵素飲

酵素飲基本製作

製作酵素飲的眉眉角角，一次報你知。

Step 1：前置處理

　　「前置處理」就是將要與飲用水發酵的原料前置準備好。基礎示範將示範鳳梨、蘋果、檸檬三款水果切出的型態。水果前處理的重點在於用過濾水洗淨，不可用生水，刀工盡量切「細條狀」，原則上會把水果切均勻、切小、切細，增加水果與飲用水的接觸面積，幫助發酵。如果今天是帶籽、帶較多汁液的水果，比如百香果，剖開後用湯匙挖出果肉使用 (含汁液、百香果籽等)；芭樂的話洗淨切細條，每一款水果處理的程度建議參照本頁狀態。當然，如果覺得太麻煩，也可以用果汁機打碎，與少量的配方水一起打 2~3 下即可，不用打太久。

鳳梨

1 鳳梨切去頭、底部，立起把皮削掉，切塊再切片。

2 盡量切成細短、且大小一致的條狀。

蘋果

1 蘋果削皮切四瓣，去掉核與蒂頭，切塊再切片。

2 盡量切成細短、且大小一致的條狀。

檸檬

1 檸檬先切去頂部。

2 再切去底部。

3 檸檬切去頭、底部，立起把皮削掉。

4 切除白色部位，白色部位會苦。

5 從中對切。

6 對切後，再次切小瓣。

7 根部生長點會看到白色部位，跟作法2一樣要切除，會發苦。

8 檸檬不好切條狀，因此切細碎即可。

第一天

1　材料 A 倒入酵素桶中。

2　倒入材料 B。

3　倒入材料 C 飲用水。

4　基本上都用桶裝飲用水，可以直接倒，不需另外加熱放涼。

5　從中心入勺，盡可能把食材舀起。注意舀的時候勺子不要碰到桶子。

6　蓋上酵素桶蓋，按下密封鈕，排出桶子內的空氣。常溫下靜置 8~12 小時。

▶ 作法 5 舀的時候，其實只有在中間攪一下，把底部的食材翻攪上來。勺子不可與桶身、桶底接觸到，桶子的邊緣與底部都絕對不要與勺子接觸，本書所使用的桶子是特殊桶，桶壁與桶身有「EM 活性菌群跟還原酶」幫助發酵，用工具刮容易傷害桶壁。

▶ 配方的糖量看似非常高，但不用擔心成品會很甜，發酵時糖會成為酵母的養分，發酵至可以飲用的程度便幾乎不會有甜味（依食材本身特性，若是本身甜度高的水果，飲用時還是會帶有絲絲甜味）。

第二天

7 發酵到第二天開桶後的狀態，表面其實沒有很巨大的差異。

8 此時勺子從食材中心入桶。

9 稍微把食材撥開。

10 可以看到發酵的氣泡都在下方。

11 接著從中心入勺，盡可能把食材舀起。注意舀的時候勺子不要碰到桶子，只是在中間攪一下，把底部的食材翻攪上來。
　▶ 早晚翻攪的動作皆是如此。

發酵時間不一定要發滿 2 天 2.5 天或 3 天，我自己做有時候發酵到第 2 天就可以喝了。可以自己製作表單，紀錄製作詳細資訊，更好判斷每次的狀況。

範例紀錄單

製作天數	第一天	第二天			第三天
日期	6/8	6/9			6/10
時間	晚上 8 點	清晨 8 點	晚上 8 點	清晨 8 點	晚上 8 點
方法	依序參考： P.24~25 前置處理。 P.26 拌勻製作至最後一步封桶。 （詳細配方請參考目錄，翻到想做的產品頁查閱配方）	開桶翻攪，略拌幾下，再次封桶。 ▶ 基本上第二天晚上就可以試喝了。根據試喝、糖度劑測量結果判斷發酵程度，OK 便出桶。			根據試喝、糖度劑測量結果判斷發酵程度，OK 便出桶。
範例說明	1 翻至 P.36 參照「No.7 鳳梨鮮酵飲」備料。 2 翻至 P.26 製作到封桶。	3 翻至 P.27 參考發酵後開桶翻攪的方法。 4 根據本頁的範例紀錄單，進行試喝與紀錄發酵數據。			5 根據右頁 P.29 判斷可否出桶。

　　基本上我會用兩個方式判斷是否可以飲用：第一直接裝小碗試喝，試飲判斷酸度，只要喝到我認為適口的酸度，就會出桶了。第二，如果這一桶是準備要銷售的，為了讓產品更精準，品質更穩定，試喝之餘我會另外購買「糖度劑」測量，糖度劑使用方式如下：

完成囉

1　試管取適量酵素飲。

2　滴上糖度劑。

3　蓋上透明片。

出桶請見 P.17「出桶方法」的分裝入瓶說明。

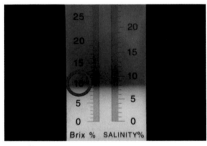

4　確認測量結果，Brix% 指的是糖度；SALINITY% 指的是鹽度。糖度那一側落在 8~10% 就表示可以了。

▶ 要控制血糖的人，發酵到糖度 5% 就可以飲用，只是口感不會太好。但固定飲用的確可以控制血糖。

Part
2

製作酵素飲

櫻桃水蜜桃鮮酵飲

▶ 出桶後放冷藏 7 天內口感最好，賞味期限內飲用口感最佳。酵素飲放越久越酸，因會在冰箱內持續發酵熟化，口感雖不好，但不是壞掉。

▶ 變酸、沒有甜味的酵素飲，可以當醋使用（冷藏 14 天內用完），或者混合蜂蜜當生菜佐醬。

材料	公克	前置處理
A 櫻桃	500	去除櫻桃蒂與果核，取果肉秤重，用果汁機打碎
水蜜桃	300	去果核取果肉，秤重，果肉用果汁機打碎
蘋果	500	果肉切滾刀塊後秤重，用果汁機打碎 ▶ 蘋果要去籽
B 新鮮檸檬	300	檸檬去皮去籽，仔細去除裡面的白膜、白色組織，檸檬果肉切碎
細砂糖	600	可以用二砂糖替換
C 飲用水	6000	我都用 6000c.c. 桶裝純淨飲用水，一桶剛好做完，非常方便

▶ 水果先用過濾水洗淨，不可用生水。

▶ 新鮮檸檬也可以換成檸檬汁，務必要用「現榨檸檬汁」，市售瓶裝檸檬汁有可能發不起來。替換的時候新鮮檸檬 300g 對應現榨檸檬汁 200g；新鮮檸檬 400g 對應現榨檸檬汁 300g。

作法

1 參考 P.24~29 製作酵素飲。

2 發酵至喜愛的口感酸度，即可出桶。

2 百香果鳳梨鮮酵飲

賞味期限：冷藏 7 天
保存期限：冷藏 14 天

▶ 出桶後放冷藏 7 天內口感最好，賞味期限內飲用口感最佳。酵素飲放越久越酸，因會在冰箱內持續發酵熟化，口感雖不好，但不是壞掉。

▶ 變酸、沒有甜味的酵素飲，可以當醋使用（冷藏 14 天內用完），或者混合蜂蜜當生菜佐醬。

材料	公克	前置處理
A 百香果	400	取果肉（秤重包含百香果籽、果肉、汁液）
鳳梨	600	果肉切滾刀塊後秤重，用果汁機打碎
蘋果	600	▶ 蘋果要去籽
B 新鮮檸檬	300	檸檬去皮去籽，仔細去除裡面的白膜、白色組織，檸檬果肉切碎
細砂糖	600	可以用二砂糖替換
C 飲用水	6000	我都用 6000c.c. 桶裝純淨飲用水，一桶剛好做完，非常方便

▶ 水果先用過濾水洗淨，不可用生水。

▶ 新鮮檸檬也可以換成檸檬汁，務必要用「現榨檸檬汁」，市售瓶裝檸檬汁有可能發不起來。替換的時候新鮮檸檬 300g 對應現榨檸檬汁 200g；新鮮檸檬 400g 對應現榨檸檬汁 300g。

作法

1   參考 P.24~29 製作酵素飲。
2   發酵至喜愛的口感酸度，即可出桶。

Part 2

製作酵素飲

賞味期限：冷藏 7 天
保存期限：冷藏 14 天

▶ 出桶後放冷藏 7 天內口感最好，賞味期限內飲用口感最佳。酵素飲放越久越酸，因會在冰箱內持續發酵熟化，口感雖不好，但不是壞掉。

▶ 變酸、沒有甜味的酵素飲，可以當醋使用（冷藏 14 天內用完），或者混合蜂蜜當生菜佐醬。

材料	公克	前置處理
Ⓐ 火龍果	700	果肉切滾刀塊後秤重，用果汁機打碎
鳳梨	500	▶ 蘋果要去籽
蘋果	600	
Ⓑ 新鮮檸檬	300	檸檬去皮去籽，仔細去除裡面的白膜、白色組織，檸檬果肉切碎
細砂糖	600	可以用二砂糖替換
Ⓒ 飲用水	6000	我都用 6000c.c. 桶裝純淨飲用水，一桶剛好做完，非常方便

▶ 水果先用過濾水洗淨，不可用生水。

▶ 新鮮檸檬也可以換成檸檬汁，務必要用「現榨檸檬汁」，市售瓶裝檸檬汁有可能發不起來。替換的時候新鮮檸檬 300g 對應現榨檸檬汁 200g；新鮮檸檬 400g 對應現榨檸檬汁 300g。

作法

1　參考 P.24~29 製作酵素飲。

2　發酵至喜愛的口感酸度，即可出桶。

4 # 蓮霧芭樂鮮酵飲

材料	公克	前置處理
Ⓐ 蓮霧	600	果肉切滾刀塊後秤重，用果汁機打碎
芭樂	400	
水梨	400	▶ 芭樂、水梨、蘋果要去籽
蘋果	500	
Ⓑ 新鮮檸檬	300	檸檬去皮去籽，仔細去除裡面的白膜、白色組織，檸檬果肉切碎
細砂糖	600	可以用二砂糖替換
Ⓒ 飲用水	6000	我都用 6000c.c. 桶裝純淨飲用水，一桶剛好做完，非常方便

▶ 水果先用過濾水洗淨，不可用生水。

▶ 新鮮檸檬也可以換成檸檬汁，務必要用「現榨檸檬汁」，市售瓶裝檸檬汁有可能發不起來。替換的時候新鮮檸檬 300g 對應現榨檸檬汁 200g；新鮮檸檬 400g 對應現榨檸檬汁 300g。

作法

1 參考 P.24~29 製作酵素飲。

2 發酵至喜愛的口感酸度，即可出桶。

Part 2

製作酵素飲

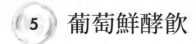

⑤ 葡萄鮮酵飲

賞味期限：冷藏 7 天
保存期限：冷藏 14 天

▶ 出桶後放冷藏 7 天內口感最好，賞味期限內飲用口感最佳。酵素飲放越久越酸，因會在冰箱內持續發酵熟化，口感雖不好，但不是壞掉。

▶ 變酸、沒有甜味的酵素飲，可以當醋使用（冷藏 14 天內用完），或者混合蜂蜜當生菜佐醬。

材料	公克	前置處理
Ⓐ 葡萄	1000	葡萄以過濾水洗淨（不剝皮），用手捏碎，不需剔除葡萄籽 ▶ 若要用果汁機打碎，需要先去除葡萄籽
鳳梨	300	果肉切滾刀塊後秤重，用果汁機打碎
蘋果	500	▶ 蘋果要去籽
Ⓑ 新鮮檸檬	300	檸檬去皮去籽，仔細去除裡面的白膜、白色組織，檸檬果肉切碎
細砂糖	600	可以用二砂糖替換
Ⓒ 飲用水	6000	我都用 6000c.c. 桶裝純淨飲用水，一桶剛好做完，非常方便

▶ 水果先用過濾水洗淨，不可用生水。

▶ 新鮮檸檬也可以換成檸檬汁，務必要用「現榨檸檬汁」，市售瓶裝檸檬汁有可能發不起來。替換的時候新鮮檸檬 300g 對應現榨檸檬汁 200g；新鮮檸檬 400g 對應現榨檸檬汁 300g。

作法

1　參考 P.24~29 製作酵素飲。

2　發酵至喜愛的口感酸度，即可出桶。

6 百香果芭樂鮮酵飲

賞味期限：冷藏 7 天
保存期限：冷藏 14 天

▶ 出桶後放冷藏 7 天內口感最好，賞味期限內飲用口感最佳。酵素飲放越久越酸，因會在冰箱內持續發酵熟化，口感雖不好，但不是壞掉。

▶ 變酸、沒有甜味的酵素飲，可以當醋使用（冷藏 14 天內用完），或者混合蜂蜜當生菜佐醬。

材料	公克	前置處理
Ⓐ 百香果	1200	取果肉（秤重包含百香果籽、果肉、汁液）
芭樂	500	果肉切滾刀塊後秤重，用果汁機打碎
蘋果	300	▶ 芭樂、蘋果要去籽
Ⓑ 細砂糖	600	可以用二砂糖替換
Ⓒ 飲用水	6000	我都用 6000c.c. 桶裝純淨飲用水，一桶剛好做完，非常方便

▶ 水果先用過濾水洗淨，不可用生水。

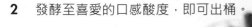

作法

1　參考 P.24~29 製作酵素飲。

2　發酵至喜愛的口感酸度，即可出桶。

⑦ 鳳梨鮮酵飲

影片示範

賞味期限：冷藏 7 天
保存期限：冷藏 14 天

▶ 出桶後放冷藏 7 天內口感最好，賞味期限內飲用口感最佳。酵素飲放越久越酸，因會在冰箱內持續發酵熟化，口感雖不好，但不是壞掉。

▶ 變酸、沒有甜味的酵素飲，可以當醋使用（冷藏 14 天內用完），或者混合蜂蜜當生菜佐醬。

材料	公克	前置處理
Ⓐ 鳳梨	1200	果肉切滾刀塊後秤重，用果汁機打碎
蘋果	500	▶ 蘋果要去籽
Ⓑ 新鮮檸檬	400	檸檬去皮去籽，仔細去除裡面的白膜、白色組織，檸檬果肉切碎
細砂糖	600	可以用二砂糖替換
Ⓒ 飲用水	6000	我都用 6000c.c. 桶裝純淨飲用水，一桶剛好做完，非常方便

▶ 水果先用過濾水洗淨，不可用生水。

▶ 新鮮檸檬也可以換成檸檬汁，務必要用「現榨檸檬汁」，市售瓶裝檸檬汁有可能發不起來。替換的時候新鮮檸檬 300g 對應現榨檸檬汁 200g；新鮮檸檬 400g 對應現榨檸檬汁 300g。

作法

1 參考 P.24~29 製作酵素飲。

2 發酵至喜愛的口感酸度，即可出桶。

8 橘子香茅鮮酵飲

賞味期限：冷藏 7 天
保存期限：冷藏 14 天

▶ 出桶後放冷藏 7 天內口感最好，賞味期限內飲用口感最佳。酵素飲放越久越酸，因會在冰箱內持續發酵熟化，口感雖不好，但不是壞掉。

▶ 變酸、沒有甜味的酵素飲，可以當醋使用（冷藏 14 天內用完），或者混合蜂蜜當生菜佐醬。

材料	公克	前置處理
A 橘子	800	外皮剝開，再剝成一瓣一瓣，橘子上的白絲、白膜盡量除乾淨（才不會苦），秤重
鳳梨	400	果肉切滾刀塊後秤重，用果汁機打碎
蘋果	400	▶ 蘋果要去籽
香茅	200	以過濾水洗淨，取一部分配方內飲用水煮開、放涼
B 蜂蜜	300	
細砂糖	400	可以用二砂糖替換
C 飲用水	6000	我都用 6000c.c. 桶裝純淨飲用水，一桶剛好做完，非常方便

▶ 水果先用過濾水洗淨，不可用生水。

作法

1 參考 P.24~29 製作酵素飲。

2 發酵至喜愛的口感酸度，即可出桶。

Part
2

製作酵素飲

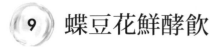

⑨ 蝶豆花鮮酵飲

材料	公克	前置處理
Ⓐ 乾蝶豆花	15	以過濾水洗淨，不可用生水
西洋梨	400	果肉切滾刀塊後秤重，用果汁機打碎
鳳梨	600	▶ 蘋果要去籽
蘋果	300	
Ⓑ 新鮮檸檬	200	檸檬去皮去籽，仔細去除裡面的白膜、白色組織，檸檬果肉切碎
蜂蜜	200	
細砂糖	400	可以用二砂糖替換
Ⓒ 飲用水	6000	我都用 6000c.c. 桶裝純淨飲用水，一桶剛好做完，非常方便

▶ 水果先用過濾水洗淨，不可用生水。

▶ 新鮮檸檬也可以換成檸檬汁，務必要用「現榨檸檬汁」，市售瓶裝檸檬汁有可能發不起來。替換的時候新鮮檸檬 300g 對應現榨檸檬汁 200g；新鮮檸檬 400g 對應現榨檸檬汁 300g。

作法

1 參考 P.24~29 製作酵素飲。

2 發酵至喜愛的口感酸度，即可出桶。

⑩ 奇異果鮮酵飲

賞味期限：冷藏 7 天
保存期限：冷藏 14 天

▶ 出桶後放冷藏 7 天內口感最好，賞味期限內飲用口感最佳。酵素飲放越久越酸，因會在冰箱內持續發酵熟化，口感雖不好，但不是壞掉。

▶ 變酸、沒有甜味的酵素飲，可以當醋使用（冷藏 14 天內用完），或者混合蜂蜜當生菜佐醬。

材料	公克	前置處理
Ⓐ 奇異果	600	果肉切滾刀塊後秤重，用果汁機打碎
鳳梨	600	▶ 蘋果要去籽
蘋果	400	
Ⓑ 新鮮檸檬	200	檸檬去皮去籽，仔細去除裡面的白膜、白色組織，檸檬果肉切碎
細砂糖	600	可以用二砂糖替換
Ⓒ 飲用水	6000	我都用 6000c.c. 桶裝純淨飲用水，一桶剛好做完，非常方便

▶ 水果先用過濾水洗淨，不可用生水。

▶ 新鮮檸檬也可以換成檸檬汁，務必要用「現榨檸檬汁」，市售瓶裝檸檬汁有可能發不起來。替換的時候新鮮檸檬 300g 對應現榨檸檬汁 200g；新鮮檸檬 400g 對應現榨檸檬汁 300g。

作法

1　參考 P.24~29 製作酵素飲。

2　發酵至喜愛的口感酸度，即可出桶。

Part 2

製作酵素飲

⑪ 洛神花鮮酵飲

賞味期限：冷藏 7 天
保存期限：冷藏 14 天

▶ 出桶後放冷藏 7 天內口感最好，賞味期限內飲用口感最佳。酵素飲放越久越酸，因會在冰箱內持續發酵熟化，口感雖不好，但不是壞掉。

▶ 變酸、沒有甜味的酵素飲，可以當醋使用（冷藏 14 天內用完），或者混合蜂蜜當生菜佐醬。

材料	公克	前置處理
Ⓐ 乾洛神花	100	可用新鮮洛神花 1000g 替換。兩個使用前都要以過濾水洗淨，不可用生水。 ▶ 見作法 1，注意要與山楂、部分飲用水煮開放涼
山楂	70	以過濾水洗淨，不可用生水 ▶ 見作法 1，注意要與乾洛神花、部分飲用水煮開放涼
蘋果	900	果肉切滾刀塊後秤重，用果汁機打碎 ▶ 蘋果要去籽
Ⓑ 新鮮檸檬	300	檸檬去皮去籽，仔細去除裡面的白膜、白色組織，檸檬果肉切碎
細砂糖	700	可以用二砂糖替換
Ⓒ 飲用水	6000	我都用 6000c.c. 桶裝純淨飲用水，一桶剛好做完，非常方便

▶ 水果先用過濾水洗淨，不可用生水。

▶ 新鮮檸檬也可以換成檸檬汁，務必要用「現榨檸檬汁」，市售瓶裝檸檬汁有可能發不起來。替換的時候新鮮檸檬 300g 對應現榨檸檬汁 200g；新鮮檸檬 400g 對應現榨檸檬汁 300g。

作法

1 取 600g 配方內飲用水，與乾洛神花、山楂一同煮滾，放涼。
  ▶ 煮滾後的水、食材都要使用。

2 參考 P.24~29 製作酵素飲。

3 發酵至喜愛的口感酸度，即可出桶。

12 草莓香蕉鮮酵飲

▶ 出桶後放冷藏 7 天內口感最好，賞味期限內飲用口感最佳。酵素飲放越久越酸，因會在冰箱內持續發酵熟化，口感雖不好，但不是壞掉。

▶ 變酸、沒有甜味的酵素飲，可以當醋使用（冷藏 14 天內用完），或者混合蜂蜜當生菜佐醬。

材料		公克	前置處理
A	草莓	600	切去蒂頭，仔細洗淨秤重
	香蕉	400	香蕉肉切塊後秤重，用果汁機打碎
	鳳梨	400	果肉切滾刀塊後秤重，用果汁機打碎
	蘋果	400	▶ 蘋果要去籽
B	新鮮檸檬	300	檸檬去皮去籽，仔細去除裡面的白膜、白色組織，檸檬果肉切碎
	細砂糖	700	可以用二砂糖替換
C	飲用水	6000	我都用 6000c.c. 桶裝純淨飲用水，一桶剛好做完，非常方便

▶ 水果先用過濾水洗淨，不可用生水。

▶ 新鮮檸檬也可以換成檸檬汁，務必要用「現榨檸檬汁」，市售瓶裝檸檬汁有可能發不起來。替換的時候新鮮檸檬 300g 對應現榨檸檬汁 200g；新鮮檸檬 400g 對應現榨檸檬汁 300g。

作法

1 參考 P.24~29 製作酵素飲。

2 發酵至喜愛的口感酸度，即可出桶。

(13) 樹葡萄鮮酵飲

賞味期限：冷藏 7 天
保存期限：冷藏 14 天

▶ 出桶後放冷藏 7 天內口感最好，賞味期限內飲用口感最佳。酵素飲放越久越酸，因會在冰箱內持續發酵熟化，口感雖不好，但不是壞掉。

▶ 變酸、沒有甜味的酵素飲，可以當醋使用（冷藏 14 天內用完），或者混合蜂蜜當生菜佐醬。

材料	公克	前置處理
A 樹葡萄	1200	不需用果汁機打碎，洗淨後捏碎即可
黑枸杞	30	以過濾水洗淨，不可用生水 ▶ 不可煮過，食材會氧化
蘋果	400	果肉切滾刀塊後秤重，用果汁機打碎 ▶ 蘋果要去籽
B 新鮮檸檬	400	檸檬去皮去籽，仔細去除裡面的白膜、白色組織，檸檬果肉切碎
細砂糖	700	可以用二砂糖替換
C 飲用水	6000	我都用 6000c.c. 桶裝純淨飲用水，一桶剛好做完，非常方便

▶ 水果先用過濾水洗淨，不可用生水。

▶ 新鮮檸檬也可以換成檸檬汁，務必要用「現榨檸檬汁」，市售瓶裝檸檬汁有可能發不起來。替換的時候新鮮檸檬 300g 對應現榨檸檬汁 200g；新鮮檸檬 400g 對應現榨檸檬汁 300g。

作法

1 參考 P.24~29 製作酵素飲。
2 發酵至喜愛的口感酸度，即可出桶。

14 橘子鳳梨鮮酵飲

材料		公克	前置處理
A	橘子	1000	外皮剝開，再剝成一瓣一瓣，橘子上的白絲、白膜盡量除乾淨（才不會苦），秤重
	鳳梨	300	果肉切滾刀塊後秤重，用果汁機打碎
	蘋果	400	▶ 蘋果要去籽
B	新鮮檸檬	300	檸檬去皮去籽，仔細去除裡面的白膜、白色組織，檸檬果肉切碎
	細砂糖	600	可以用二砂糖替換
C	飲用水	6000	我都用 6000c.c. 桶裝純淨飲用水，一桶剛好做完，非常方便

▶ 水果先用過濾水洗淨，不可用生水。

▶ 新鮮檸檬也可以換成檸檬汁，務必要用「現榨檸檬汁」，市售瓶裝檸檬汁有可能發不起來。替換的時候新鮮檸檬 300g 對應現榨檸檬汁 200g；新鮮檸檬 400g 對應現榨檸檬汁 300g。

作法

1 參考 P.24~29 製作酵素飲。

2 發酵至喜愛的口感酸度，即可出桶。

▶ 出桶後放冷藏 7 天內口感最好，賞味期限內飲用口感最佳。酵素飲放越久越酸，因會在冰箱內持續發酵熟化，口感雖不好，但不是壞掉。

▶ 變酸、沒有甜味的酵素飲，可以當醋使用（冷藏 14 天內用完），或者混合蜂蜜當生菜佐醬。

(15) 甜桃鮮酵飲

材料	公克	前置處理
A 甜桃	900	果肉切滾刀塊後秤重，用果汁機打碎
鳳梨	500	▶ 甜桃去核；蘋果去籽
蘋果	500	
B 新鮮檸檬	300	檸檬去皮去籽，仔細去除裡面的白膜、白色組織，檸檬果肉切碎
冰糖	300	
細砂糖	300	可以用二砂糖替換
C 飲用水	6000	我都用 6000c.c. 桶裝純淨飲用水，一桶剛好做完，非常方便

▶ 水果先用過濾水洗淨，不可用生水。

▶ 新鮮檸檬也可以換成檸檬汁，務必要用「現榨檸檬汁」，市售瓶裝檸檬汁有可能發不起來。替換的時候新鮮檸檬 300g 對應現榨檸檬汁 200g；新鮮檸檬 400g 對應現榨檸檬汁 300g。

作法

1　參考 P.24~29 製作酵素飲。

2　發酵至喜愛的口感酸度，即可出桶。

(16) 雙棗鮮酵飲

材料		公克	前置處理
Ⓐ	紅棗	100	以過濾水洗淨，不可用生水
	黑棗	210	▶ 見作法 1，注意要取部分飲用水煮開放涼
	枸杞	100	
	黃耆	80	
	蘋果	1000	果肉切滾刀塊後秤重，用果汁機打碎 ▶ 蘋果要去籽
Ⓑ	新鮮檸檬	400	檸檬去皮去籽，仔細去除裡面的白膜、白色組織，檸檬果肉切碎
	黑糖	500	
	細砂糖	200	可以用二砂糖替換
Ⓒ	飲用水	6000	我都用 6000c.c. 桶裝純淨飲用水，一桶剛好做完，非常方便

▶ 水果先用過濾水洗淨，不可用生水。

▶ 新鮮檸檬也可以換成檸檬汁，務必要用「現榨檸檬汁」，市售瓶裝檸檬汁有可能發不起來。替換的時候新鮮檸檬 300g 對應現榨檸檬汁 200g；新鮮檸檬 400g 對應現榨檸檬汁 300g。

作法

1 紅棗、黑棗、枸杞、黃耆與部分飲用水入鍋，大火煮至沸騰，關火放涼。
    ▶ 煮滾後的水、食材都要使用。

2 參考 P.24~29 製作酵素飲。

3 發酵至喜愛的口感酸度，即可出桶。

Part 2

製作酵素飲

⑰ 雙梅鮮酵飲

賞味期限：冷藏 7 天
保存期限：冷藏 14 天

▶ 出桶後放冷藏 7 天內口感最好，賞味期限內飲用口感最佳。酵素飲放越久越酸，因會在冰箱內持續發酵熟化，口感雖不好，但不是壞掉。

▶ 變酸、沒有甜味的酵素飲，可以當醋使用（冷藏 14 天內用完），或者混合蜂蜜當生菜佐醬。

材料	公克	前置處理
Ⓐ 烏梅	200	以過濾水洗淨，不可用生水 ▶ 見作法 1，注意要取部分飲用水煮開放涼
白話梅	30	
山楂	50	
甘草	10 片	
陳皮（無鹽）	30	
蘋果	800	果肉切滾刀塊後秤重，用果汁機打碎 ▶ 蘋果要去籽
Ⓑ 新鮮檸檬	400	檸檬去皮去籽，仔細去除裡面的白膜、白色組織，檸檬果肉切碎
二砂糖	700	
Ⓒ 飲用水	6000	我都用 6000c.c. 桶裝純淨飲用水，一桶剛好做完，非常方便

▶ 水果先用過濾水洗淨，不可用生水。

▶ 新鮮檸檬也可以換成檸檬汁，務必要用「現榨檸檬汁」，市售瓶裝檸檬汁有可能發不起來。替換的時候新鮮檸檬 300g 對應現榨檸檬汁 200g；新鮮檸檬 400g 對應現榨檸檬汁 300g。

作法

1　材料 A 與部分飲用水入鍋，大火煮至沸騰，關火放涼。
　▶ 煮滾後的水、食材都要使用。

2　參考 P.24~29 製作酵素飲。

3　發酵至喜愛的口感酸度，即可出桶。

桑葚鮮酵飲

賞味期限：冷藏 7 天
保存期限：冷藏 14 天

▶ 出桶後放冷藏 7 天內口感最好，賞味期限內飲用口感最佳。酵素飲放越久越酸，因會在冰箱內持續發酵熟化，口感雖不好，但不是壞掉。

▶ 變酸、沒有甜味的酵素飲，可以當醋使用（冷藏 14 天內用完），或者混合蜂蜜當生菜佐醬。

材料		公克	前置處理
Ⓐ	桑葚	500	以過濾水洗淨，不可用生水
	鳳梨	700	果肉切滾刀塊後秤重，用果汁機打碎
	蘋果	500	▶ 蘋果要去籽
Ⓑ	新鮮檸檬	400	檸檬去皮去籽，仔細去除裡面的白膜、白色組織，檸檬果肉切碎
	細砂糖	700	可以用二砂糖替換
Ⓒ	飲用水	6000	我都用 6000c.c. 桶裝純淨飲用水，一桶剛好做完，非常方便

▶ 水果先用過濾水洗淨，不可用生水。

▶ 新鮮檸檬也可以換成檸檬汁，務必要用「現榨檸檬汁」，市售瓶裝檸檬汁有可能發不起來。替換的時候新鮮檸檬 300g 對應現榨檸檬汁 200g；新鮮檸檬 400g 對應現榨檸檬汁 300g。

Part 2

製作酵素飲

作法

1 參考 P.24~29 製作酵素飲。

2 發酵至喜愛的口感酸度，即可出桶。

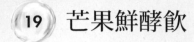

19 芒果鮮酵飲

賞味期限：冷藏 7 天
保存期限：冷藏 14 天

▶ 出桶後放冷藏 7 天內口感最好，賞味期限內飲用口感最佳。酵素飲放越久越酸，因會在冰箱內持續發酵熟化，口感雖不好，但不是壞掉。

▶ 變酸、沒有甜味的酵素飲，可以當醋使用（冷藏 14 天內用完），或者混合蜂蜜當生菜佐醬。

材料		公克	前置處理
A	芒果	1200	果肉切塊後秤重，用果汁機打碎
	蘋果	400	▶ 芒果、蘋果要去籽（核）
B	新鮮檸檬	400	檸檬去皮去籽，仔細去除裡面的白膜、白色組織，檸檬果肉切碎
	細砂糖	500	可以用二砂糖替換
C	飲用水	6000	我都用 6000c.c. 桶裝純淨飲用水，一桶剛好做完，非常方便

▶ 水果先用過濾水洗淨，不可用生水。

▶ 新鮮檸檬也可以換成檸檬汁，務必要用「現榨檸檬汁」，市售瓶裝檸檬汁有可能發不起來。替換的時候新鮮檸檬 300g 對應現榨檸檬汁 200g；新鮮檸檬 400g 對應現榨檸檬汁 300g。

作法

1 參考 P.24~29 製作酵素飲。

2 發酵至喜愛的口感酸度，即可出桶。

(20) 木瓜香蕉鮮酵飲

Part 2

製作酵素飲

材料	公克	前置處理
Ⓐ 木瓜	800	木瓜切開去籽，果肉切薄片再切絲，秤重
香蕉	400	香蕉肉切薄片，秤重
蘋果	400	果肉切塊後秤重，用果汁機打碎 ▶ 蘋果要去籽
Ⓑ 新鮮檸檬	400	檸檬去皮去籽，仔細去除裡面的白膜、白色組織，檸檬果肉切碎
細砂糖	600	可以用二砂糖替換
Ⓒ 飲用水	6000	我都用 6000c.c. 桶裝純淨飲用水，一桶剛好做完，非常方便

▶ 水果先用過濾水洗淨，不可用生水。

▶ 新鮮檸檬也可以換成檸檬汁，務必要用「現榨檸檬汁」，市售瓶裝檸檬汁有可能發不起來。替換的時候新鮮檸檬 300g 對應現榨檸檬汁 200g；新鮮檸檬 400g 對應現榨檸檬汁 300g。

作法

1　參考 P.24~29 製作酵素飲。

2　發酵至喜愛的口感酸度，即可出桶。

賞味期限：冷藏 7 天
保存期限：冷藏 14 天

▶ 出桶後放冷藏 7 天內口感最好，賞味期限內飲用口感最佳。酵素飲放越久越酸，因會在冰箱內持續發酵熟化，口感雖不好，但不是壞掉。

▶ 變酸、沒有甜味的酵素飲，可以當醋使用（冷藏 14 天內用完），或者混合蜂蜜當生菜佐醬。

(21) 蔬菜鮮酵飲

材料	公克	前置處理
Ⓐ 西洋芹	300	洗淨後切段，切細絲切細絲
芹菜	400	
紅蘿蔔	300	去頭尾去皮，切滾刀塊，用果汁機打碎
小黃瓜	500	去頭尾，切細絲
鳳梨	500	果肉切滾刀塊後秤重，用果汁機打碎
Ⓑ 新鮮檸檬	300	檸檬去皮去籽，仔細去除裡面的白膜、白色組織，檸檬果肉切碎
冰糖	300	
細砂糖	300	可以用二砂糖替換
Ⓒ 飲用水	6000	我都用 6000c.c. 桶裝純淨飲用水，一桶剛好做完，非常方便

▶ 水果先用過濾水洗淨，不可用生水。

▶ 新鮮檸檬也可以換成檸檬汁，務必要用「現榨檸檬汁」，市售瓶裝檸檬汁有可能發不起來。替換的時候新鮮檸檬 300g 對應現榨檸檬汁 200g；新鮮檸檬 400g 對應現榨檸檬汁 300g。

作法

1 參考 P.24~29 製作酵素飲。

2 發酵至喜愛的口感酸度，即可出桶。

22 芭樂香蕉鮮酵飲

賞味期限：冷藏 7 天
保存期限：冷藏 14 天

▶ 出桶後放冷藏 7 天內口感最好，賞味期限內飲用口感最佳。酵素飲放越久越酸，因會在冰箱內持續發酵熟化，口感雖不好，但不是壞掉。

▶ 變酸、沒有甜味的酵素飲，可以當醋使用（冷藏 14 天內用完），或者混合蜂蜜當生菜佐醬。

Part 2

製作酵素飲

材料	公克	前置處理
Ⓐ 芭樂	500	果肉切滾刀塊後秤重，用果汁機打碎 ▶ 芭樂要去籽
香蕉	600	香蕉肉切薄片後秤重
蘋果	500	果肉切滾刀塊後秤重，用果汁機打碎 ▶ 蘋果要去籽
Ⓑ 新鮮檸檬	400	檸檬去皮去籽，仔細去除裡面的白膜、白色組織，檸檬果肉切碎
細砂糖	600	可以用二砂糖替換
Ⓒ 飲用水	6000	我都用 6000c.c. 桶裝純淨飲用水，一桶剛好做完，非常方便

▶ 水果先用過濾水洗淨，不可用生水。

▶ 新鮮檸檬也可以換成檸檬汁，務必要用「現榨檸檬汁」，市售瓶裝檸檬汁有可能發不起來。替換的時候新鮮檸檬 300g 對應現榨檸檬汁 200g；新鮮檸檬 400g 對應現榨檸檬汁 300g。

作法

1　參考 P.24~29 製作酵素飲。

2　發酵至喜愛的口感酸度，即可出桶。

(23) 黑枸杞鮮酵飲

賞味期限：冷藏 7 天
保存期限：冷藏 14 天

▶ 出桶後放冷藏 7 天內口感最好，賞味期限內飲用口感最佳。酵素飲放越久越酸，因會在冰箱內持續發酵熟化，口感雖不好，但不是壞掉。

▶ 變酸、沒有甜味的酵素飲，可以當醋使用（冷藏 14 天內用完），或者混合蜂蜜當生菜佐醬。

材料	公克	前置處理
Ⓐ 黑枸杞	30	以過濾水洗淨，不可用生水
		▶ 不可煮過，食材會氧化
鳳梨	1600	果肉切滾刀塊後秤重，用果汁機打碎
蘋果	500	▶ 蘋果要去籽
Ⓑ 新鮮檸檬	300	檸檬去皮去籽，仔細去除裡面的白膜、白色組織，檸檬果肉切碎
細砂糖	600	可以用二砂糖替換
Ⓒ 飲用水	6000	我都用 6000c.c. 桶裝純淨飲用水，一桶剛好做完，非常方便

▶ 水果先用過濾水洗淨，不可用生水。

▶ 新鮮檸檬也可以換成檸檬汁，務必要用「現榨檸檬汁」，市售瓶裝檸檬汁有可能發不起來。替換的時候新鮮檸檬 300g 對應現榨檸檬汁 200g；新鮮檸檬 400g 對應現榨檸檬汁 300g。

作法

1　參考 P.24~29 製作酵素飲。
2　發酵至喜愛的口感酸度，即可出桶。

(24) 甜菜根鮮酵飲

賞味期限：冷藏 7 天
保存期限：冷藏 14 天

▶ 出桶後放冷藏 7 天內口感最好，賞味期限內飲用口感最佳。酵素飲放越久越酸，因會在冰箱內持續發酵熟化，口感雖不好，但不是壞掉。

▶ 變酸、沒有甜味的酵素飲，可以當醋使用（冷藏 14 天內用完），或者混合蜂蜜當生菜佐醬。

材料	公克	前置處理
Ⓐ 甜菜根	800	果肉切薄片再切細絲後
蘋果	500	▶ 蘋果要去籽
Ⓑ 新鮮檸檬	400	檸檬去皮去籽，仔細去除裡面的白膜、白色組織，檸檬果肉切碎
細砂糖	600	可以用二砂糖替換
Ⓒ 飲用水	6000	我都用 6000c.c. 桶裝純淨飲用水，一桶剛好做完，非常方便

▶ 水果先用過濾水洗淨，不可用生水。

▶ 新鮮檸檬也可以換成檸檬汁，務必要用「現榨檸檬汁」，市售瓶裝檸檬汁有可能發不起來。替換的時候新鮮檸檬 300g 對應現榨檸檬汁 200g；新鮮檸檬 400g 對應現榨檸檬汁 300g。

作法

1 參考 P.24~29 製作酵素飲。

2 發酵至喜愛的口感酸度，即可出桶。

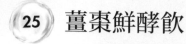

(25) 薑棗鮮酵飲

賞味期限：冷藏 7 天
保存期限：冷藏 14 天

▶ 出桶後放冷藏 7 天內口感最好，賞味期限內飲用口感最佳。酵素飲放越久越酸，因會在冰箱內持續發酵熟化，口感雖不好，但不是壞掉。

▶ 變酸、沒有甜味的酵素飲，可以當醋使用（冷藏 14 天內用完），或者混合蜂蜜當生菜佐醬。

材料	公克	前置處理
Ⓐ 薑	500	削皮切片後秤重，用果汁機打碎
紅棗	600	以過濾水洗淨，不可用生水
枸杞	100	▶ 見作法 1，注意要取部分飲用水煮開放涼
蘋果	500	果肉切滾刀塊後秤重，用果汁機打碎 ▶ 蘋果要去籽
Ⓑ 新鮮檸檬	400	檸檬去皮去籽，仔細去除裡面的白膜、白色組織，檸檬果肉切碎
黑糖	700	
細砂糖	200	可以用二砂糖替換
Ⓒ 飲用水	6000	我都用 6000c.c. 桶裝純淨飲用水，一桶剛好做完，非常方便

▶ 水果先用過濾水洗淨，不可用生水。

▶ 新鮮檸檬也可以換成檸檬汁，務必要用「現榨檸檬汁」，市售瓶裝檸檬汁有可能發不起來。替換的時候新鮮檸檬 300g 對應現榨檸檬汁 200g；新鮮檸檬 400g 對應現榨檸檬汁 300g。

作法

1 紅棗、枸杞與部分飲用水入鍋，大火煮至沸騰，關火放涼。

　　▶ 煮滾後的水、食材都要使用。

2 參考 P.24~29 製作酵素飲。

3 發酵至喜愛的口感酸度，即可出桶。

26 ## 黃耆蘋果鮮酵飲

賞味期限：冷藏 7 天
保存期限：冷藏 14 天

▶ 出桶後放冷藏 7 天內口感最好，賞味期限內飲用口感最佳。酵素飲放越久越酸，因會在冰箱內持續發酵熟化，口感雖不好，但不是壞掉。

▶ 變酸、沒有甜味的酵素飲，可以當醋使用（冷藏 14 天內用完），或者混合蜂蜜當生菜佐醬。

Part 2
製作酵素飲

材料	公克	前置處理
A 蘋果	1200	果肉切滾刀塊後秤重，用果汁機打碎
		▶ 蘋果要去籽
黃耆	100	以過濾水洗淨，不可用生水
枸杞	100	▶ 見作法 1，注意要取部分飲用水煮開放涼
B 新鮮檸檬	400	檸檬去皮去籽，仔細去除裡面的白膜、白色組織，檸檬果肉切碎
細砂糖	600	可以用二砂糖替換
C 飲用水	6000	我都用 6000c.c. 桶裝純淨飲用水，一桶剛好做完，非常方便

▶ 水果先用過濾水洗淨，不可用生水。

▶ 新鮮檸檬也可以換成檸檬汁，務必要用「現榨檸檬汁」，市售瓶裝檸檬汁有可能發不起來。替換的時候新鮮檸檬 300g 對應現榨檸檬汁 200g；新鮮檸檬 400g 對應現榨檸檬汁 300g。

作法

1 紅棗、枸杞與部分飲用水入鍋，大火煮至沸騰，關火放涼。
   ▶ 煮滾後的水、食材都要使用。

2 參考 P.24~29 製作酵素飲。

3 發酵至喜愛的口感酸度，即可出桶。

桂花檸檬鮮酵飲

27

賞味期限：冷藏 7 天
保存期限：冷藏 14 天

▶ 出桶後放冷藏 7 天內口感最好，賞味期限內飲用口感最佳。酵素飲放越久越酸，因會在冰箱內持續發酵熟化，口感雖不好，但不是壞掉。

▶ 變酸、沒有甜味的酵素飲，可以當醋使用（冷藏 14 天內用完），或者混合蜂蜜當生菜佐醬。

材料		公克	前置處理
Ⓐ	乾桂花	40	以過濾水洗淨，不可用生水 ▶ 見作法 1，注意要取部分飲用水煮開放涼
	蘋果	800	果肉切滾刀塊後秤重，用果汁機打碎 ▶ 蘋果要去籽
	香蕉	300	香蕉肉切薄片後秤重
Ⓑ	新鮮檸檬	1000	檸檬去皮去籽，仔細去除裡面的白膜、白色組織，檸檬果肉切碎
	蜂蜜	200	
	細砂糖	500	可以用二砂糖替換
Ⓒ	飲用水	6000	我都用 6000c.c. 桶裝純淨飲用水，一桶剛好做完，非常方便

▶ 水果先用過濾水洗淨，不可用生水。

▶ 新鮮檸檬也可以換成檸檬汁，務必要用「現榨檸檬汁」，市售瓶裝檸檬汁有可能發不起來。替換的時候新鮮檸檬 300g 對應現榨檸檬汁 200g；新鮮檸檬 400g 對應現榨檸檬汁 300g。

作法

1　乾桂花與部分飲用水入鍋，大火煮至沸騰，關火放涼。
　　▶ 煮滾後的水、食材都要使用。

2　參考 P.24~29 製作酵素飲。

3　發酵至喜愛的口感酸度，即可出桶。

28 香蕉鮮酵飲

材料	公克	前置處理
A 香蕉	1200	香蕉肉切薄片後秤重
蘋果	400	果肉切滾刀塊後秤重，用果汁機打碎
		▶ 蘋果要去籽
B 新鮮檸檬	400	檸檬去皮去籽，仔細去除裡面的白膜、白色組織，檸檬果肉切碎
細砂糖	600	可以用二砂糖替換
C 飲用水	6000	我都用 6000c.c. 桶裝純淨飲用水，一桶剛好做完，非常方便

▶ 水果先用過濾水洗淨，不可用生水。

▶ 新鮮檸檬也可以換成檸檬汁，務必要用「現榨檸檬汁」，市售瓶裝檸檬汁有可能發不起來。替換的時候新鮮檸檬 300g 對應現榨檸檬汁 200g；新鮮檸檬 400g 對應現榨檸檬汁 300g。

作法

1　參考 P.24~29 製作酵素飲。

2　發酵至喜愛的口感酸度，即可出桶。

Part 2　製作酵素飲

賞味期限：冷藏 7 天
保存期限：冷藏 14 天

▶ 出桶後放冷藏 7 天內口感最好，
賞味期限內飲用口感最佳。酵素飲
放越久越酸，因會在冰箱內持續發
酵熟化，口感雖不好，但不是壞掉。

▶ 變酸、沒有甜味的酵素飲，可以
當醋使用（冷藏 14 天內用完），或
者混合蜂蜜當生菜佐醬。

58

(29) 大蒜鮮酵飲

蘋果 ← ← → 新鮮檸檬

大蒜

材料		公克	前置處理
Ⓐ	大蒜	600	大蒜剝成一瓣一瓣，切去頭尾撕掉外皮，裝入袋子中拍碎
	蘋果	800	果肉切滾刀塊後秤重，用果汁機打碎
			▶ 蘋果要去籽
Ⓑ	新鮮檸檬	400	檸檬去皮去籽，仔細去除裡面的白膜、白色組織，檸檬果肉切碎
	細砂糖	600	可以用二砂糖替換
Ⓒ	飲用水	6000	我都用 6000c.c. 桶裝純淨飲用水，一桶剛好做完，非常方便

▶ 水果先用過濾水洗淨，不可用生水。

▶ 新鮮檸檬也可以換成檸檬汁，務必要用「現榨檸檬汁」，市售瓶裝檸檬汁有可能發不起來。替換的時候新鮮檸檬 300g 對應現榨檸檬汁 200g；新鮮檸檬 400g 對應現榨檸檬汁 300g。

作法

1 參考 P.24~29 製作酵素飲。

2 發酵至喜愛的口感酸度，即可出桶。

(30) 水梨鮮酵飲

賞味期限：冷藏 7 天
保存期限：冷藏 14 天

▶ 出桶後放冷藏 7 天內口感最好，賞味期限內飲用口感最佳。酵素飲放越久越酸，因會在冰箱內持續發酵熟化，口感雖不好，但不是壞掉。

▶ 變酸、沒有甜味的酵素飲，可以當醋使用（冷藏 14 天內用完），或者混合蜂蜜當生菜佐醬。

材料	公克	前置處理
A 水梨	1000	果肉切滾刀塊後秤重，用果汁機打碎
蘋果	400	▶ 水梨、蘋果要去籽（去核）
B 新鮮檸檬	400	檸檬去皮去籽，仔細去除裡面的白膜、白色組織，檸檬果肉切碎
細砂糖	600	可以用二砂糖替換
C 飲用水	6000	我都用 6000c.c. 桶裝純淨飲用水，一桶剛好做完，非常方便

▶ 水果先用過濾水洗淨，不可用生水。

▶ 新鮮檸檬也可以換成檸檬汁，務必要用「現榨檸檬汁」，市售瓶裝檸檬汁有可能發不起來。替換的時候新鮮檸檬 300g 對應現榨檸檬汁 200g；新鮮檸檬 400g 對應現榨檸檬汁 300g。

作法

1 參考 P.24~29 製作酵素飲。

2 發酵至喜愛的口感酸度，即可出桶。

31 番茄蘋果鮮酵飲

賞味期限：冷藏 7 天
保存期限：冷藏 14 天

▶ 出桶後放冷藏 7 天內口感最好，賞味期限內飲用口感最佳。酵素飲放越久越酸，因會在冰箱內持續發酵熟化，口感雖不好，但不是壞掉。

▶ 變酸、沒有甜味的酵素飲，可以當醋使用（冷藏 14 天內用完），或者混合蜂蜜當生菜佐醬。

材料	公克	前置處理
A 小番茄	800	剝去蒂頭，以過濾水洗淨，不可用生水，切半
蘋果	500	果肉切滾刀塊後秤重，用果汁機打碎 ▶ 蘋果要去籽（去核）
話梅	10 顆	以過濾水洗淨，不可用生水 ▶ 見作法 1，注意要取部分飲用水煮開放涼
B 新鮮檸檬	400	檸檬去皮去籽，仔細去除裡面的白膜、白色組織，檸檬果肉切碎
蜂蜜	300	
細砂糖	400	可以用二砂糖替換
C 飲用水	6000	我都用 6000c.c. 桶裝純淨飲用水，一桶剛好做完，非常方便

▶ 水果先用過濾水洗淨，不可用生水。

▶ 新鮮檸檬也可以換成檸檬汁，務必要用「現榨檸檬汁」，市售瓶裝檸檬汁有可能發不起來。替換的時候新鮮檸檬 300g 對應現榨檸檬汁 200g；新鮮檸檬 400g 對應現榨檸檬汁 300g。

作法

1 話梅與部分飲用水入鍋，大火煮至沸騰，關火放涼。
    煮滾後的水、食材都要使用。

2 參考 P.24~29 製作酵素飲。

3 發酵至喜愛的口感酸度，即可出桶。

賞味期限：冷藏 7 天
保存期限：冷藏 14 天

▶ 出桶後放冷藏 7 天內口感最好，賞味期限內飲用口感最佳。酵素飲放越久越酸，因會在冰箱內持續發酵熟化，口感雖不好，但不是壞掉。

▶ 變酸、沒有甜味的酵素飲，可以當醋使用（冷藏 14 天內用完），或者混合蜂蜜當生菜佐醬。

材料	公克	前置處理
Ⓐ 芭樂	1500	果肉切滾刀塊後秤重，用果汁機打碎
蘋果	500	▶ 芭樂、蘋果要去籽
Ⓑ 新鮮檸檬	400	檸檬去皮去籽，仔細去除裡面的白膜、白色組織，檸檬果肉切碎
細砂糖	600	可以用二砂糖替換
Ⓒ 飲用水	6000	我都用 6000c.c. 桶裝純淨飲用水，一桶剛好做完，非常方便

▶ 水果先用過濾水洗淨，不可用生水。

▶ 新鮮檸檬也可以換成檸檬汁，務必要用「現榨檸檬汁」，市售瓶裝檸檬汁有可能發不起來。替換的時候新鮮檸檬 300g 對應現榨檸檬汁 200g；新鮮檸檬 400g 對應現榨檸檬汁 300g。

作法

1 　參考 P.24~29 製作酵素飲。

2 　發酵至喜愛的口感酸度，即可出桶。

33 澎大海菊花鮮酵飲

材料	公克	前置處理
Ⓐ 澎大海	50	以過濾水洗淨，不可用生水
乾菊花	35	▶ 見作法 1，注意要取部分飲用水煮開放涼
蘋果	1600	果肉切滾刀塊後秤重，用果汁機打碎 ▶ 蘋果要去籽
Ⓑ 新鮮檸檬	200	檸檬去皮去籽，仔細去除裡面的白膜、白色組織，檸檬果肉切碎
Ⓒ 細砂糖	700	可以用二砂糖替換
飲用水	6000	我都用 6000c.c. 桶裝純淨飲用水，一桶剛好做完，非常方便

▶ 水果先用過濾水洗淨，不可用生水。

▶ 新鮮檸檬也可以換成檸檬汁，務必要用「現榨檸檬汁」，市售瓶裝檸檬汁有可能發不起來。替換的時候新鮮檸檬 300g 對應現榨檸檬汁 200g；新鮮檸檬 400g 對應現榨檸檬汁 300g。

作法

1. 澎大海、乾菊花與部分飲用水入鍋，大火煮至沸騰，關火放涼。
   ▶ 煮滾後的水、食材都要使用。

2. 參考 P.24~29 製作酵素飲。

3. 發酵至喜愛的口感酸度，即可出桶。

Part 2

製作酵素飲

(34) 原味 / 草莓優格

天然草莓粉

冰糖

AB 優格

鮮奶

材料	公克
鮮奶	1800
冰糖	80
AB 優格	1~2 瓶
天然草莓粉	100

加入天然草莓粉就是草莓優格，
不加入就是原味優格。

作法

1   鍋子加入冰糖、一部分鮮奶，中火攪拌煮勻，不煮到滾，只要煮到糖溶化就好。

2   關火，倒入剩餘的鮮奶拌勻，因為剩餘鮮奶較多，倒入後鍋內溫度會是涼的。

3   加入 AB 優格拌勻。

4   倒入酵素桶，蓋上蓋子，室溫靜置 8~12 小時，即可食用。

5   發酵至喜愛的口感酸度，即可出桶。

35 櫻桃雞尾酒

賞味期限：1~2 小時

▶ 調酒都是即調即飲型。

材料	C.C.
40% 伏特加	30
No.1 櫻桃水蜜桃鮮酵飲（P.30）	180

▶ 比例是烈酒 1：酵素飲 6。

作法

1　杯子倒入伏特加。

2　再加入酵素飲拌勻，完成。

36 橘子鳳梨雞尾酒

材料 c.c.

40% 琴酒 30

No.8 橘子香茅鮮酵飲（P.37） 180

▶ 比例是烈酒 1：酵素飲 6。

作法

1　杯子倒入琴酒。

2　再加入酵素飲拌勻，完成。

Part 2

製作酵素飲

賞味期限：1~2 小時

▶ 調酒都是即調即飲型。

37 洛神花雞尾酒

材料

材料	c.c.
40% 白色蘭姆酒	30
No.11 洛神花鮮酵飲（P.40）	180

▶ 比例是烈酒 1：酵素飲 6。

作法

1　杯子倒入白色蘭姆酒。

2　再加入酵素飲拌勻，完成。

㊳ 水梨雞尾酒

材料	c.c.
薄荷甜酒	30
No.30 水梨鮮酵飲（P.60）	180

▶ 比例是烈酒 1：酵素飲 6。

作法

1　杯子倒入薄荷甜酒。
2　再加入酵素飲拌勻，完成。

Part
3

酵素飲的
延伸變化

39 酸豆漬物

材料	公克
長豆	300
海鹽	8
砂糖	75
任何淺色鮮酵飲	150

▶ 淺色新鮮酵素液可以使用：No.4 蓮霧芭樂鮮酵飲、No.21 蔬菜鮮酵飲、No.30 水梨鮮酵飲、No.32 芭樂鮮酵飲。

▶ 砂糖可以使用細砂糖、二砂糖。

作法

1　長豆以飲用水洗淨，將水大致瀝乾。

2　海鹽、砂糖、任何淺色鮮酵飲拌勻，需拌到海鹽與糖溶化。（圖 1）

3　第一天：作法 1、2 放入袋子搖勻，置於室溫，早晚搖動一下。（圖 2~4）

4　第二天：置於室溫，早晚搖動一下，早晚間隔約 8~12 小時，與製作酵素飲一樣。（圖 5）

5　第三天清晨搖動一下，再放入冷藏靜置發酵，發酵至喜歡的酸度即可，醃越久酸豆越酸。（圖 6）

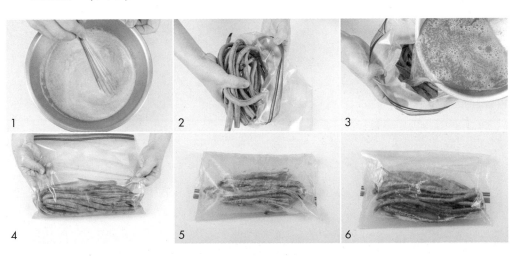

保存期限：冷藏 10 天

火龍果蘿蔔漬物

材料	公克
白蘿蔔	1 條（約 700g）
海鹽	15
No.3 火龍果鮮酵飲（P.32）	70
砂糖	150
糯米醋	50

▶ 砂糖可以使用細砂糖、二砂糖。

作法

1　白蘿蔔用刷子將表皮仔細洗淨，不削皮，將水大致瀝乾秤重。（圖 1）
　　▶ 不去皮是為了保留脆度，刷的時候要用新的菜瓜布把外皮刷洗乾淨，手感上會覺得白蘿蔔摸起來滑滑的。

2　海鹽、火龍果鮮酵飲、砂糖、糯米醋拌勻，需拌到海鹽、糖溶化。（圖 2~3）

3　第一天：作法 1、2 放入袋子搖勻，置於室溫，早晚搖動一下。（圖 4~6）

4　第二天：置於室溫，早晚搖動一下，早晚間隔約 8~12 小時，與製作酵素飲一樣。

5　第三天清晨搖動一下，再放入冷藏靜置發酵，第四至五天即可食用。食用口感會是清爽順口的，如果蘿蔔太嗆，可以再放一下。
　　▶ 冬天夏天氣溫不同，夏天發酵比較快，發酵三天口感與酸度就夠了。

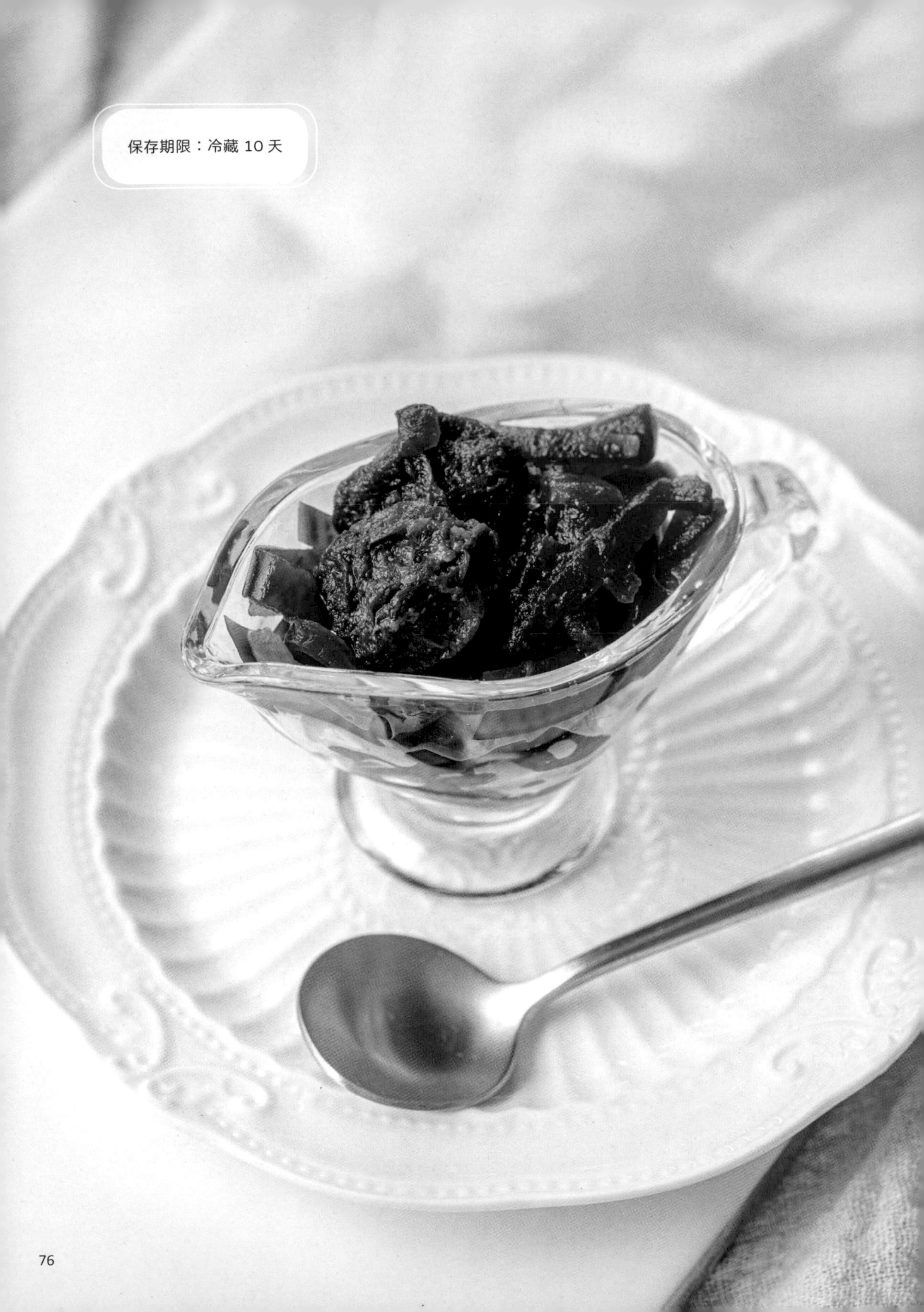

保存期限：冷藏 10 天

甜菜根漬物

材料	公克
No.24 甜菜根鮮酵飲渣（P.53）	300
No.24 甜菜根鮮酵飲（P.53）	35
海鹽	7
砂糖	80
糯米醋	25
乾甜梅	1 顆

▶ 砂糖可以使用細砂糖、二砂糖。

作法

1　參照頁數完成酵素飲，把發酵後的果渣、鮮酵飲分別秤重。

2　海鹽、砂糖、糯米醋、乾甜梅、鮮酵飲拌勻，需拌到海鹽、砂糖溶化。（圖 1~2）

3　第一天：所有材料放入袋子搖勻，放入冷藏靜置發酵。（圖 3~6）

4　第二至三天：早晚搖動一下，復放入冷藏繼續發酵，早晚間隔約 8~12 小時，與製作酵素飲一樣。

5　第四至五天即可食用。泡到自己喜愛的口感就可以了，因為這個是拿發酵飲果渣製作，口感會微微有一些發酵酒的感覺，發酵感會很清楚。

保存期限：冷藏 20 天

 泡椒

材料	公克
新鮮辣椒	適量
飲用水	100
砂糖	10
任何淺色鮮酵飲	40

▶ 淺色新鮮酵素液可以使用：No.4 蓮霧芭樂鮮酵飲、No.21 蔬菜鮮酵飲、No.30 水梨鮮酵飲、No.32 芭樂鮮酵飲。

▶ 砂糖可以使用細砂糖、二砂糖。

▶ 新鮮辣椒的份量要視容器而定，用量要足夠完全塞滿容器。

▶ 液體的比例是飲用水 1：糖：酵素液 4，液體用量需完全淹過食材。

作法

1 玻璃罐用沸水燙過，再用夾子夾起（注意要夾穩），放到烤箱烤乾。
▶ 如果沒有殺菌，做好之後容易壞掉。

2 新鮮辣椒以配方外飲用水洗淨，將水大致瀝乾。

3 飲用水、砂糖、淺色鮮酵飲拌勻，需拌到砂糖溶化。

4 取作法 1 消毒後的玻璃罐裝入新鮮辣椒，新鮮辣椒要塞緊、塞滿，否則液體進去會浮起來。倒入作法 3 拌勻的液體，蓋上蓋子。（圖 1~5）
▶ 瓶蓋不可以轉太緊，一定要鬆鬆的，因為發酵後內部會產氣，蓋太緊，打開的時候會噴開。注意圖 3，液體的用量只要差不多醃到蒂頭處即可。

5 置於室溫靜置發酵，時間約三到四天，發酵到有酸味就可以了，想酸一點就再放一下，發酵到喜歡的酸度後就移到冰箱。（圖 6）
▶ 開蓋可以觀察到一些細小的泡泡，酵素液很好地在發酵。

Part
3

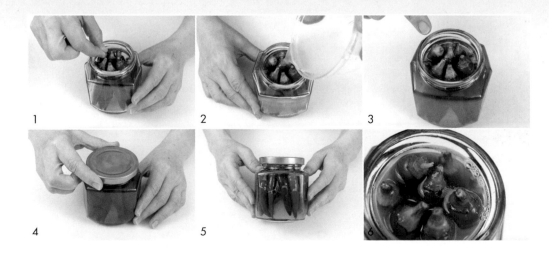

1

2

3

4

5

6

 泡菜

材料	公克		材料	公克
Ⓐ 高麗菜	1 顆（約 1000g）		Ⓑ 砂糖	400
小辣椒	10 條（可放可不放）		味醂	30
嫩薑	240		飲用水	淹過菜即可
白蘿蔔	300			
甜菜根	1 顆		▶ 砂糖可以使用細砂糖、二砂糖。	
紅蘿蔔	300			

保存期限：冷藏 7 天

作法

1 高麗菜切大片，用飲用水洗淨。

2 小辣椒用飲用水洗淨瀝乾（不需切開）。

3 嫩薑洗淨切片（不需削皮）。

4 白蘿蔔用刷子將表皮仔細洗淨，不削皮切條，將水大致瀝乾。

5 甜菜根、紅蘿蔔洗淨削皮切條。

6 砂糖、味醂、部分飲用水拌勻，需拌到糖溶化。

7 洗淨的酵素桶依序放入材料 A、材料 B，液體需淹過高麗菜，水量不夠可再補適量飲用水，表面壓一個盤子。（圖 1~2）

▶ 壓一個盤子可以讓食材完全浸入液體中，發酵程度才會一致。

8 封桶，室溫靜置發酵約四至五天，發酵到自己喜歡的酸度，出桶裝瓶，後續保存要放冷藏，食用時可以把發酵好的泡菜汁搭配一點醬油，鹹香爽口，也可以炒肉片哦。（圖 3~5）

Part 3 酵素飲的延伸變化

保存期限：真空冷藏 20 天

材料	公克
白菜	2700
海鹽	20
飲用水	水量要蓋過白菜
任何淺色鮮酵飲	20

▶ 淺色新鮮酵素液可以使用：No.4 蓮霧
芭樂鮮酵飲、No.21 蔬菜鮮酵飲、No.30
水梨鮮酵飲、No.32 芭樂鮮酵飲。

作法

1 白菜不洗（有土再用過濾水洗淨，洗淨後一定要晾乾），切去頭部，再分切數份。（圖 1~3）

   ▶ 大部分白菜中間都不會有土，因此才說不洗。

   ▶ 菜葉之間盡量不要有水，要晾乾避免雜菌。

2 翻開每一片菜葉，在每一片的根部處抹上海鹽，抹的範圍只要抹根部即可，菜葉部分不需抹。（圖 4~6）

3 靜置軟化，軟化到菜葉可以放入酵素桶中（不軟化會比較難塞）。

4 將白菜塞入酵素桶，倒入酵素液、飲用水，確認壓上盤子後水量可淹過白菜，停止加水。用盤子把白菜壓入水中，蓋上蓋子，常溫靜置五天發酵。（圖 7~12）

   ▶ 如要更酸，可繼續放在酵素桶裏發酵到喜愛的酸度。

5 第二至五天都分別打開看，檢視白菜的狀態，隨著發酵時間白菜會軟化，每天都要補重物，確保白菜完全壓在水中，時間到出桶，裝入殺菌過的密封容器或真空袋。

   ▶ 製作完的酸白菜水可以裝一點冷藏，下次製作酸白菜時可以當引子。

   ▶ 重物可使用數個盤子，或是袋子裝飲用水壓在盤子上。

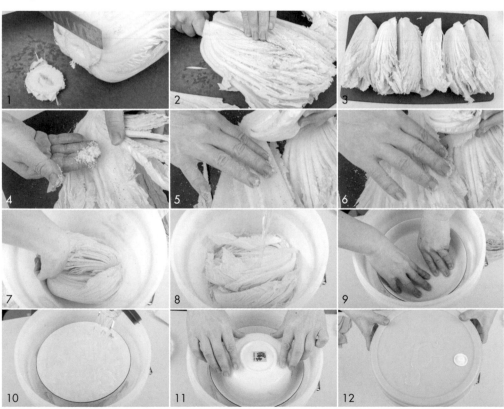

45 蔬菜煎餅

賞味期限：20~60 分鐘
▶ 煎餅建議立即吃完，
口感最好。

材料	公克	材料	公克
No.21 蔬菜鮮酵飲渣（P.50）	100	麵粉	100
韭菜	50	砂糖	5
洋蔥	50	海鹽	2
雞蛋	50	白胡椒粉	1~2
飲用水	40	香油	10

▶ 砂糖可以使用細砂糖、二砂糖。

▶ 麵粉使用低筋、中筋、高筋皆可。

作法

1 韭菜用飲用水洗淨切丁；洋蔥去皮切丁；雞蛋打散。

2 所有材料混合成蔬菜麵糊。（圖 1~4）

3 平底鍋倒入少許沙拉油，中火熱油，倒入蔬菜麵糊中火煎熟，將兩面煎至上色。
（圖 5~9）

46 甜菜根煎餅

賞味期限：20~60 分鐘
▶ 煎餅建議立即吃完，
口感最好。

材料	公克	材料	公克
No.24 甜菜根鮮酵飲渣（P.53）	100	砂糖	5
高麗菜	100	海鹽	2
鮮香菇	40	白胡椒粉	1~2
洋蔥	50	香油	10
雞蛋	50	麵粉	100
		飲用水	40

▶ 砂糖可以使用細砂糖、二砂糖。

▶ 麵粉使用低筋、中筋、高筋皆可。

作法

1　高麗菜洗淨切絲；鮮香菇洗淨切絲；洋蔥剝皮切絲；雞蛋打散。

2　所有材料混合成甜菜根麵糊。（圖 1~5）

3　平底鍋倒入少許沙拉油，中火熱油，倒入甜菜根麵糊中火煎熟，將兩面煎至上色。（圖 6~9）

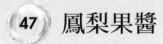

（47） 鳳梨果醬

材料	公克
No.7 鳳梨鮮酵飲渣（P.36）	300
新鮮鳳梨果肉	500
冰糖	200
檸檬汁	40

▶ 糖可以延長果醬壽命，讓產品保存更久。冰糖可以按照喜歡的甜度自行增加，但不要減量，避免影響果醬保存。

▶ 鳳梨的品種對果醬風味會有所影響，使用金鑽鳳梨就比較甜；土鳳梨則微微帶酸。

作法

1 玻璃罐用沸水燙過，再用夾子夾起（注意要夾穩），放到烤箱烤乾。
▶ 如果沒有殺菌，做好之後容易壞掉。

2 新鮮鳳梨去皮切塊，用調理機打成泥。
▶ 可以先取出部分切塊的鳳梨，稍微切碎，熬煮時與鳳梨泥一起製成果醬，這樣果醬中就會有鳳梨塊的口感。

3 鍋子倒入所有食材（除了檸檬汁），全程以中小火邊拌邊煮，把水分盡可能收乾，煮至喜愛的濃稠度。最後加入檸檬汁拌勻。（圖 1~6）
▶ 煮果醬人不能離開，全程用中小火，均勻翻煮鍋內食材。
▶ 煮越久水分越乾，水分越少越濃稠，可以保存更久。喜歡吃水分多一點的可以不用收到這麼乾，但相對要盡速食畢，水分會影響果醬保存。

4 取作法 1 消毒後的玻璃罐，裝入剛煮好的果醬，蓋上蓋子倒扣放涼，冷卻後冷藏保存。（圖 7~9）
▶ 倒扣就變成真空了，可以延長果醬保存期限。

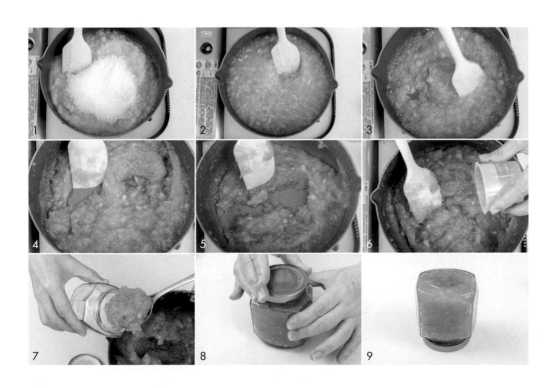

百香果鳳梨果醬

櫻桃果醬

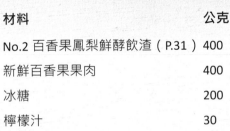

材料	公克
No.2 百香果鳳梨鮮酵飲渣（P.31）	400
新鮮百香果果肉	400
冰糖	200
檸檬汁	30

▶ 糖可以延長果醬壽命，讓產品保存更久。冰糖可以按照喜歡的甜度自行增加，但不要減量，避免影響果醬保存。

▶ 百香果本身帶有微微的酸味，檸檬汁可酌量減少。

材料	公克
No.1 櫻桃水蜜桃鮮酵飲渣（P.30）	1200
新鮮櫻桃果肉	300
冰糖	300
檸檬汁	40

▶ 糖可以延長果醬壽命，讓產品保存更久。冰糖可以按照喜歡的甜度自行增加，但不要減量，避免影響果醬保存。

作法

1　備妥所有食材。
　　▶ 如果沒有殺菌，做好之後容易壞掉。

2　參考 P.89 果醬製作方法完成果醬。
　　▶ P.89 作法 2 是處理鳳梨塊，製作本頁「百香果鳳梨果醬」、「櫻桃果醬」則處理各自使用到的水果即可（百香果果肉挖出直接煮，不打碎。櫻桃果肉預留部分，與櫻桃泥一起熬煮成果醬，讓果醬保留些許口感）。

保存期限：冷藏 3 個月

奇異果果醬

芒果果醬

50 奇異果果醬　　51 芒果果醬

材料	公克
No.10 奇異果鮮酵飲渣（ P.39 ）	500
新鮮奇異果果肉	500
冰糖	300
檸檬汁	40

▶ 糖可以延長果醬壽命，讓產品保存更久。冰糖可以按照喜歡的甜度自行增加，但不要減量，避免影響果醬保存。

材料	公克
No.19 芒果鮮酵飲渣（ P.48 ）	400
新鮮芒果果肉	600
冰糖	200
檸檬汁	50

▶ 糖可以延長果醬壽命，讓產品保存更久。冰糖可以按照喜歡的甜度自行增加，但不要減量，避免影響果醬保存。

作法

1　備妥所有食材。

　　▶ 如果沒有殺菌，做好之後容易壞掉。

2　參考 P.89 果醬製作方法完成果醬。

　　▶ P.89 作法 2 是處理鳳梨塊，製作本頁「奇異果果醬」、「芒果果醬」則處理各自使用到的水果即可（奇異果切開後用湯匙挖出果肉打碎。芒果取果肉打碎）。

Part
3

酵素飲的延伸變化

保存期限：冷凍 20 天

(52) 水果優格冰棒

材料	公克
季節水果	適量
No.34 原味 / 草莓優格（P.65）	適量

▶ 使用當季水果即可。

▶ 建議挑選無籽，或有籽也不影響口感的水果。

▶ 這一款我選用的是藍莓、奇異果、無籽葡萄。也推薦做西瓜、水蜜桃（罐頭）、新鮮櫻桃果肉、火龍果、芒果、草莓等口味。

作法

1　水果切成適口大小，放入模型中，倒入優格放進冷凍冰硬。

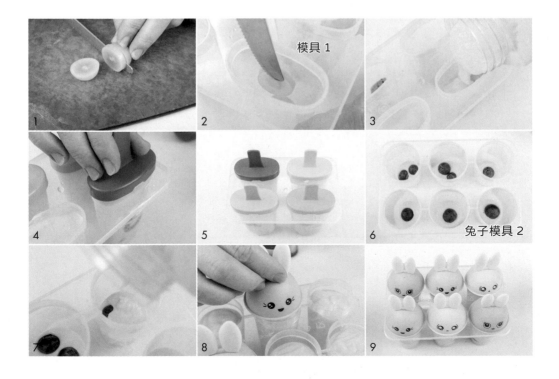

模具1

兔子模具2

53 QQ 軟糖

保存期限：冷藏 5 天

材料	公克	材料	公克
A 水麥芽	75	**B** 吉利丁粉	10
細砂糖	65	水果酵素	50
No.1 櫻桃水蜜桃鮮酵飲（P.30）100		**C** 檸檬酸	2
		飲用水	2

作法

1 不鏽鋼有柄鍋加入材料 A，中小火小火煮至 117°C。（圖 1~2）

　▶ 配方量小所以用這種不銹鋼鍋，如果今天量大就需要使用不沾雪平鍋，雪平鍋受熱比較均勻，鋼鍋導熱快，中心溫度較高。

　▶ 我使用的不銹鋼鍋直徑 12 公分，如果家裡沒有這麼小的鍋子，要把配方量做多一點，或者換成雪平鍋。用大的不銹鋼鍋做這個配方，不銹鋼容易有受熱不均的狀況，中心點的溫度會最高，煮出來的糖溫度不準確。

　▶ 重點在於，食材少鍋子小，食材多鍋子大，務必根據分量微調器具。

2 靜置 1~2 分鐘降溫，加入預先拌勻的材料 B，用耐熱長刮刀拌勻。（圖 3）

3 再加入預先拌勻的材料 C，繼續以耐熱長刮刀拌勻。（圖 4）

4 矽膠模噴烤盤油，軟糖液倒入模具分裝，表面如果有浮沫泡泡可以盡量撈除，外觀會比較好看。（圖 5）

5 冷藏至成型，雙手戴手套，手套噴些許烤盤油，脫模。（圖 6~9）

(54) 繽紛發糕

材料		公克	材料		公克
A	低筋麵粉	414	C	紫薯粉	2
	在來米粉	150		梔子花	1
	泡打粉	30		抹茶粉	3
B	飲用水	340		紅麴粉	4
	二砂糖	224			
	No.32 芭樂鮮酵飲渣（P.62）	200			

▶ 砂糖可以使用細砂糖、二砂糖。

▶ 杯模高 4.5 公分，圓形直徑 6 公分。
本配方搭配這個杯模，約可做 10 個。

賞味期限：常溫 3 天
保存期限：冷凍 20 天

▶ 冬天可以放久一點，夏天潮濕悶
熱，保存期限會更短，食用前要注
意有沒有發霉。

作法

1 材料 A 粉類分別秤好，一同過篩。

2 飲用水、二砂糖拌勻，拌勻到砂糖溶化。加入酵素飲渣拌勻。（圖 1）

3 加入作法 1 過篩粉類，以打蛋器拌勻。天氣會影響麵粉的吸水量，並且酵素水
果渣每次的含水量會不太相同，若太乾要再補適量飲用水。（圖 2~4）
▶ 濃稠度大約是拉起麵糊，約 2~3 秒會沉沒，具備濃稠感的狀態。

4 平均分成五份，每份分裝 270g，第一份先裝入擠花袋中。（圖 5）

5 取另外四份染色，分別與紫薯粉、梔子花、抹茶粉、紅麴粉拌勻，裝入擠花袋
中。（圖 6~7）

6 每個杯模麵糊裝九分滿，送入蒸籠，大火蒸 30 分鐘。（圖 8~9）
▶ 注意入蒸籠時，水一定要事先煮沸騰，才能送入蒸籠熟製。

賞味期限：常溫 3 天
保存期限：冷凍 20 天
▶ 冬天可以放久一點，夏天潮濕悶熱，
保存期限會更短，食用前要注意有沒
有發霉。

 55 # 黑糖發糕

材料	公克
蓬萊米粉	350
泡打粉	15
No.24 甜菜根鮮酵飲（P.53）	250
黑糖	120
黑糖蜜	20

▶ 杯模高 4.5 公分，圓形直徑 6 公分。
本配方搭配這個杯模，約可做 8 個。

作法

1 蓬萊米粉、泡打粉混合過篩。

2 酵素飲、黑糖、黑糖蜜拌勻，拌勻
到黑糖溶化。

3 加入作法 1 過篩粉類，以打蛋器拌
勻。
▶ 濃稠度大約是拉起麵糊，約 2~3
秒會沉沒，具備濃稠感的狀態，可
參考 P.99 繽紛發糕圖 4。

4 裝入擠花袋中，每個杯模麵糊裝九
分滿，送入蒸籠，大火蒸 30 分鐘。
▶ 注意入蒸籠時，水一定要事先煮
沸騰，才能送入蒸籠熟製。

賞味期限：冷藏 3 天
保存期限：冷凍 10 天

▶ 食用前蒸熱即可。

黑糖米糕

材料	公克	材料	公克
Ⓐ 圓糯米	100	Ⓒ 黑糖粉	20
長糯米	50	黑糖蜜	5
Ⓑ No.16 雙棗鮮酵飲（P.45）	135	紅棗與枸杞	適量
桂圓	25		

作法

1　圓糯米、長糯米洗淨，倒去洗米水，再與適量飲用水浸泡 1~2 小時，瀝乾水分。
（圖 1）
▶ 把米洗乾淨，再與乾淨的飲用水浸泡，有泡過的米會比較好煮透。

2　作法 1、材料 B 用電子鍋煮熟。（圖 2~3）。

3　把煮好的糯米飯與材料 C 拌勻，再回蒸 2~5 分鐘，完成。（圖 4~6）
▶ 煮到米中心沒有硬芯。
▶ 紅棗與枸杞適量就好，主要用來配色。

賞味期限：冷藏 3 天
保存期限：冷凍 30 天
▶ 食用前中火蒸 10 分鐘即可。

刀切

圓饅頭

57 酵素白饅頭／圓饅頭

本配方可做：
50g 十個 與 20g 十二個

材料		公克
酵種	中筋麵粉	100
	No.32 芭樂鮮酵飲（P.62）	100

▶ 製作饅頭前務必按照作法 1 把酵種備妥，再取主麵團配方標示量，製作饅頭。

材料		公克
主麵團	中筋麵粉	400
	✦ 酵種	200
	乾酵母	4
	細砂糖	40
	飲用水	120

作法

1 前置：前一天將酵種材料放入鋼盆中混和均勻，鋼盆以保鮮膜封住，室溫靜置發酵 5~8 小時，再放冷藏。

2 攪拌：接下來介紹手工揉製方法，鋼盆放入主麵團所有材料，用手混合均勻，混合至鋼盆底部看不到粉類。取出，置於桌面揉成光滑麵團。

3 鬆弛：表面蓋上濕布（或以鋼盆倒扣），讓麵團鬆弛發酵 3~5 分鐘。

4 延壓：麵團擀摺三摺三次，擀成麵片，大約 30 公分寬。

▶ 操作時可視狀況使用手粉（中筋麵粉），防止麵團沾黏在工具上。

5 把麵皮向前密實捲起，搓成長 40 公分，收口處朝下，表面蓋上袋子鬆弛 10 分鐘。（圖 1）

6 整形手法 1【刀切】：用刀子分切成小麵團，收口處依舊向下放上饅頭紙。（圖 2~5）

7 整形手法 2【圓饅頭】：用刀子分切成小麵團。（圖 2~4）

8 分切好的麵團會有四個角，把四個角朝中心依序揉→壓；依序揉壓進來之後，麵團會成為接近「八邊形」的形狀。（圖 6 的八邊形標示）

9 重複此作法把麵團收整成圓形，收口處向下放上饅頭紙。

10 發酵：整形手法選一個操作即可，把放上饅頭紙的麵團，排入蒸籠層，發酵 20~30 分鐘。發酵倒數 5 分鐘時加熱蒸籠水，把水燒滾。

11 蒸製：產品移入熱水蒸籠中，保留一定間距（避免蒸時黏在一起），鍋蓋邊緣夾湯匙或筷子，中火蒸 10 分鐘，時間到把鍋蓋移一個小縫，取出湯匙或筷子，移出蒸鍋，再掀蓋。

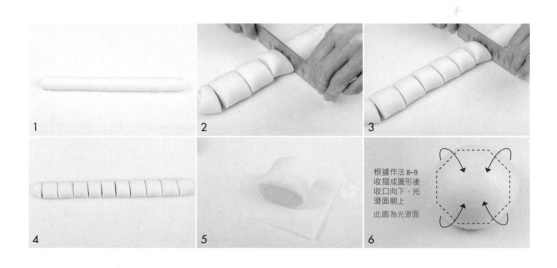

根據作法 8~9 收摺成圓形後收口向下，光滑面朝上
此圖為光滑面

58 酸白菜包

賞味期限：冷藏 3 天
保存期限：冷凍 30 天
▶ 食用前中火蒸 10 分鐘即可。

材料		公克
酵種	中筋麵粉	50
	No.32 芭樂鮮酵飲（P.62）	50

▶ 製作饅頭前務必按照作法 2 把酵種備妥，再取主麵團配方標示量，製作饅頭。

材料		公克
主麵團	中筋麵粉	200
	✨ 酵種	100
	乾酵母	2
	細砂糖	25
	No.24 甜菜根鮮酵飲（P.53）	70

內餡		g			g
	酸白菜	160	蒜末	4	
	豬絞肉	160	醬油	5	
	鹽	2	香油	4	
	雞粉	1	太白粉	2	
	白胡椒粉	1	泡椒	1 條	
	砂糖	4	薑片	5	

餡 40g

皮 60g

作法

1 前置：酸白菜洗淨切絲；泡椒切碎。內餡所有材料一同拌勻。

2 前一天將酵種材料放入鋼盆中混和均勻，鋼盆以保鮮膜封住，室溫靜置發酵。

3 攪拌：接下來介紹手工揉製方法，先把細砂糖、酵素液拌勻，加入乾酵母拌勻。

4 鋼盆放入主麵團所有材料，用手混合均勻，混合至鋼盆底部看不到粉類。取出，置於桌面揉成光滑麵團。

5 鬆弛：表面蓋上濕布（或以鋼盆倒扣），讓麵團鬆弛發酵 3~5 分鐘。

6 延壓：以擀麵棍擀開，將麵團氣泡壓出。

7 對摺，再次擀開。
▶ 使用手粉（中筋麵粉），防止麵團沾黏。

8 擀成長片狀。

9 取一側朝內摺。

10 取另一側摺回（此為三摺一次），來回三摺三次。

11 再次擀開。

12 擀成長片。

13 雙手從肚腹位置把麵皮向前密實捲起。

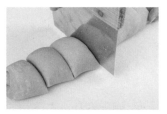

14 分割：收口處朝下，每個分切 60g。

15 輕輕拍開。

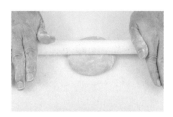

16 擀麵棍擀成圓片，圓片間撒麵粉防止沾黏。

17 擀中心厚旁邊薄，表面蓋上袋子鬆弛 10 分鐘。

18 整形：包入 40g 內餡。

19 大姆指抵住麵皮，食指往前把麵皮按向大拇指。

20 一邊摺一邊轉，左手要配合以順時鐘轉。

21 最後一摺捏合，與原來的點捏緊。

22 完成一個漂亮、中心呈鯉魚嘴的包子。

23 發酵：放上饅頭紙，排入蒸籠層，發酵 20~30 分鐘。發酵倒數 5 分鐘時加熱蒸籠水，把水燒滾。

蒸製：產品移入熱水蒸籠中，保留一定間距（避免蒸時黏在一起），鍋蓋邊緣夾湯匙或筷子，中火蒸 15 分鐘，時間到把鍋蓋移一個小縫，取出湯匙或筷子，移出蒸鍋，再掀蓋。

59 千層果醬饅頭

材料		公克
酵種	中筋麵粉	100
	No.32 芭樂鮮酵飲（P.62）	100

▶ 製作饅頭前務必按照作法 1 把酵種備妥，再取主麵團配方標示量，製作饅頭。

材料		公克
主麵團	中筋麵粉	400
	✦ 酵種	200
	乾酵母	4
	細砂糖	40
	飲用水	120

No.47 鳳梨果醬（P.88~89）適量

鳳梨果醬

作法

1. **前置**：前一天將酵種材料放入鋼盆中混和均勻，鋼盆以保鮮膜封住，室溫靜置發酵 5~8 小時。

2. **攪拌**：接下來介紹手工揉製方法，鋼盆放入主麵團所有材料，用手混合均勻，混合至鋼盆底部看不到粉類。取出，置於桌面揉成光滑麵團。

3. **鬆弛**：表面蓋上濕布（或以鋼盆倒扣），讓麵團鬆弛發酵 3~5 分鐘。

4. **延壓**：麵團擀摺三摺三次，擀成麵片，寬度約 25 公分，長度 45 公分。
   ▶ 操作時可視狀況使用手粉（中筋麵粉），防止麵團沾黏在工具上。

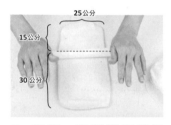 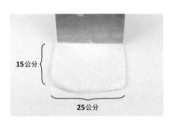 

5. **整形**：用擀麵棍標記位置。

6. 取 1 份切斷，寬 25 公分，長 15 公分。

7. 把剩餘長 30 公分的麵片摺起，再次擀開。

  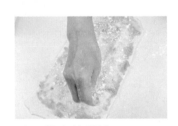

8. 擀開成寬 25 公分，長 30 公分麵片。

9. 抹 75g 鳳梨果醬。

10. 撒中筋麵粉。

11. 一節一節摺起，略搓長。

12. 如上圖，成長條狀。

13. 取作法 6 麵皮擀開，擀到可包覆作法 12。

14 麵團收口處朝上放置。　　**15** 接合處抹水。　　**16** 取一側麵皮放上中心。

17 取另一側麵皮放上中心。　　**18** 兩端麵皮捏合。　　**19** 用擀麵棍整形成長方條狀。

20 略擀長，讓麵皮更好地貼合。　　**21** 收口處朝下，頭尾切掉，進行分切。　　**22** 分切菱形狀，收口處向下放上饅頭紙。

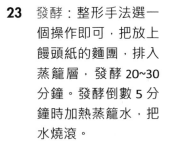

23 發酵：整形手法選一個操作即可，把放上饅頭紙的麵團，排入蒸籠層，發酵 20~30 分鐘。發酵倒數 5 分鐘時加熱蒸籠水，把水燒滾。

蒸製：產品移入熱水蒸籠中，保留一定間距（避免蒸時黏在一起），鍋蓋邊緣夾湯匙或筷子，中火蒸 12 分鐘，時間到把鍋蓋移一個小縫，取出湯匙或筷子，移出蒸鍋，再掀蓋。

賞味期限：常溫 3 天
保存期限：常溫 7 天

60 三色涼糕

材料	公克
Ⓐ No.14 橘子鳳梨鮮酵飲（P.43）	350
地瓜粉	100
砂糖	70
Ⓑ 梔子花粉	1
蝶豆花粉	1
紅麴粉	3
Ⓒ 片栗粉	適量

▶ 砂糖可以使用細砂糖、二砂糖。

▶ 砂糖用量在於調整甜度，可自行增減。

▶ 材料 B 是調色材料，適量加入調整顏色。

▶ 三色涼糕，黃色是橘子鳳梨鮮酵飲；藍色是蝶豆花鮮酵飲；粉色是火龍果鮮酵飲。

作法

1 材料 A、梔子花粉一同拌均，倒入鍋中。（圖 1）
▶ 材料 B 的粉類擇一加入。

2 中火邊煮邊拌，煮到鍋內材料溫度上升、微濃稠，火夠大的話煮 2~4 分鐘即可，攪動過程中阻力會越來越大，感覺到阻力時就要轉小火。轉小火煮至黏稠狀（或關火），火力主要需看攪拌時材料濃稠度，火越大濃稠的速度越快，火越小越慢，但火太大新手製作可能會燒焦。（圖 2~3）

3 模具噴烤盤油，沒有烤盤油可以抹沙拉油。（圖 4）

4 將煮好的食材用軟刮板刮入容器中，用保鮮膜封起，電鍋蒸 20 分鐘（外鍋 200g 水）。（圖 5~6）

5 蒸熟後倒扣，分切。如果涼糕會沾黏刀子，可以抹適量沙拉油。（圖 7）

6 分切後均勻沾上片栗粉或熟玉米粉（片栗粉本身就是熟粉），把多餘的粉類過篩，讓涼糕不沾黏。（圖 8~9）
▶ 沾粉是最後動作，用意是讓涼糕不沾黏，用於防沾黏的粉類一定要用熟粉。
▶ 生玉米粉可以用 150°C 烤 50 分鐘，或者用炒菜鍋小火炒熟。

賞味期限：冷藏 3 天
保存期限：冷藏 7 天

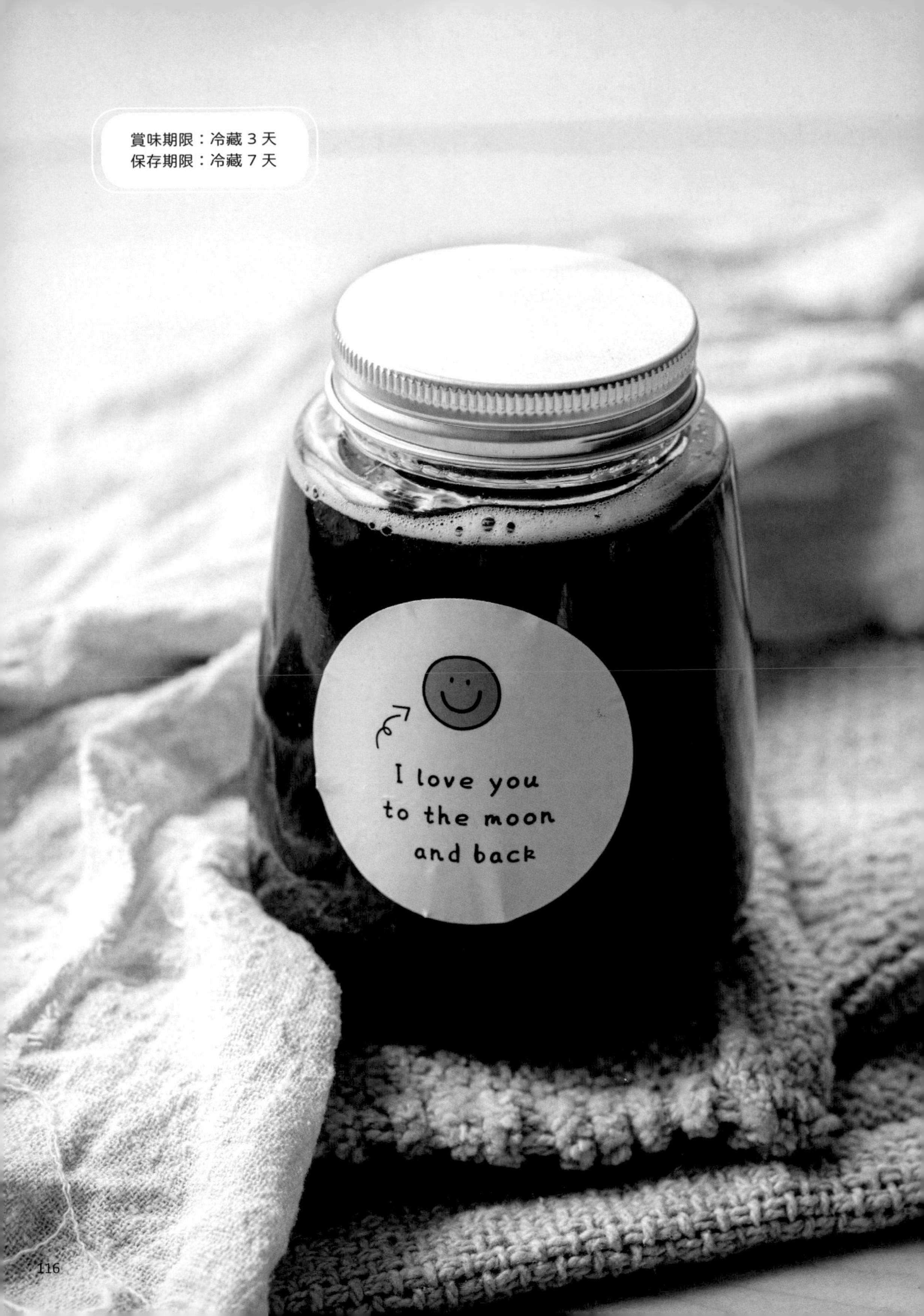

黑木耳飲

材料	公克
新鮮黑木耳碎（蒸熟）	200
飲用水	100
黑糖	80
No.16 雙棗鮮酵飲（P.45）	200
枸杞	少許

作法

1 枸杞用熱水泡開。新鮮黑木耳以過濾水仔細洗淨，與飲用水以調理機打碎，蒸熟。

2 作法 1 黑木耳漿與配方外 300g 飲用水放入電鍋內鍋，外鍋倒入 100g 飲用水，蒸
到黑木耳軟爛。
▶ 若使用乾黑木耳，需先以過濾水仔細洗淨，再與飲用水浸泡約 1~2 小時，把黑
木耳完全泡發，再秤重蒸熟。

3 黑糖搭配少許配方外飲用水拌勻溶化，拌到無粉粒。（圖 1~3）
▶ 酵素飲是冷的，直接與黑糖拌勻可能會結顆粒，故先搭配少許飲用水讓其溶化。

4 鮮酵飲與作法 2、作法 3 拌勻，表面用泡開的枸杞點綴。（圖 4~6）

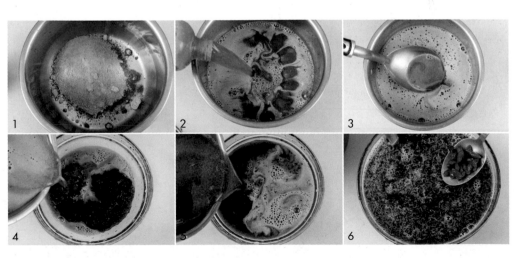

62 白木耳飲

材料	公克
蒸熟白木耳（A）	100
蒸熟白木耳碎（B）	150
飲用水	100
上白糖	50
No.7 鳳梨鮮酵飲（P.36）	200
枸杞與紅棗	適量

作法

1　枸杞、紅棗用滾水煮約 5~6 分鐘。飲用水、上白糖拌勻，拌勻至糖溶化。（圖 1~2）

2　原材料為乾白木耳，使用時需先以過濾水仔細洗淨，再與配方外適量飲用水浸泡約 1~2 小時，把白木耳完全泡發，加入配方外 400g 飲用水蒸熟。

3　蒸熟白木耳（A）切適口大小。

4　蒸熟白木耳碎（B）與作法 1 上白糖水一同用調理機打碎。

　　▶ 乾白木耳洗淨→泡發→蒸熟，再秤重量配比做成白木耳飲。

5　鮮酵飲與作法 3、作法 4 拌勻，表面用煮過的枸杞、紅棗點綴裝飾。（圖 3~6）

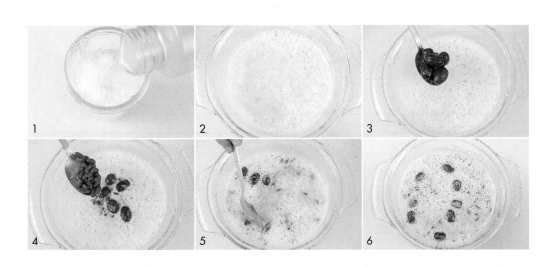

63 蛋捲

材料	公克
發酵奶油	60
糖粉	35
雞蛋	50
低筋麵粉	70
紅麴粉	3
No.3 火龍果鮮酵飲（P.32）	50
熟黑芝麻	3

▶ 每支麵糊使用27g，約可做10支。

賞味期限：常溫 3 天
保存期限：常溫 15 天

▶ 捲好後放涼，立刻包裝才不會軟化。

作法

1 糖粉單獨過篩；雞蛋退冰至常溫。發酵奶油室溫軟化至手指按壓可輕鬆壓下之程度，與過篩糖粉拌勻，要拌勻到看不到粉粒。（圖 1）

2 一次加入所有雞蛋拌勻，加入過篩低筋麵粉、過篩紅麴粉略拌，入粉後不用拌到非常均勻，麵糊中還看得見粉粒的狀況下即可加入鮮酵飲。（圖 2~4）

3 加入鮮酵飲拌勻，加入熟黑芝麻拌勻。鋼盆用保鮮膜封起，室溫靜置鬆弛 20 分鐘。（圖 4~5）

> ▶ 鬆弛讓材料結合的更好，煎的時候會更有韌性，麵粉吸收水分後會比較濃稠，沒有鬆弛的麵糊會很稀，延展性不好。

4 蛋捲模表面抹適量無鹽奶油預熱，轉小火，舀一匙上去（約 27g）。

5 每 10 秒翻面一次，讓材料兩面上色均勻，掀蓋看一下顏色，達到理想程度才開始捲蛋捲。

6 蛋捲棒放上蛋捲皮，由後朝前捲起，最後要特別煎一下收口處，壓緊煎約 5 秒，讓收口處定型。（圖 6~8）

7 放上有高度的盤子，稍微等待 20 秒，讓蛋捲冷卻一些，再把蛋捲脫離蛋捲棒，靜置冷卻。（圖 9）

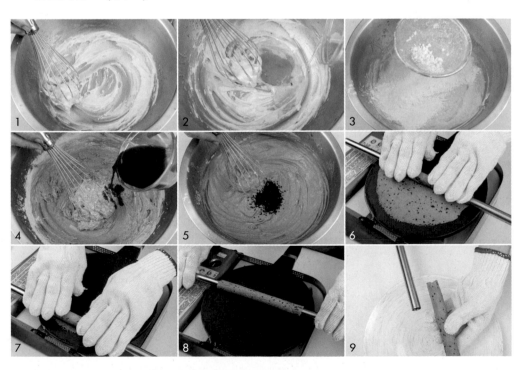

64 鬆餅

材料	公克
發酵奶油	15
細砂糖	20
雞蛋	50
小蘇打粉	1
低筋麵粉	85
泡打粉	2
No.3 火龍果鮮酵飲（P.32）	40
蜂蜜	10

賞味期限：30~60 分鐘
▶ 鬆餅皆是現做現吃。

作法

1 雞蛋退冰至常溫。小蘇打粉、低筋麵粉、泡打粉混合過篩。

2 發酵奶油室溫軟化至手指按壓可輕鬆壓下之程度，與細砂糖拌勻。

3 加入常溫雞蛋拌勻，加入作法 1 過篩粉類拌勻，加入酵素飲、蜂蜜，繼續以打蛋器拌勻，裝入擠花袋中。（圖 1~7）

4 鍋子抹上一層薄薄的無鹽奶油（配方外），中火熱鍋，鍋熱後擠 40g 麵糊，中小火煎至熟成、兩面上色。（圖 8~9）

▶ 鍋子不夠熱，煎出來的鬆餅表面會有斑，顏色比較不均勻。

(65) 果渣核桃吐司

賞味期限：常溫 3 天
保存期限：冷凍 20 天

材料		公克
液種	高筋麵粉	50
	No.32 芭樂鮮酵飲（P.62）	50
主麵團	高筋麵粉	500
	上白糖	60
	海鹽	8
	✨ 液種	100
	No.32 芭樂鮮酵飲渣（P.62）	75
	No.32 芭樂鮮酵飲（P.62）	100
	冰水	100
	乾酵母	5
	動物性鮮奶油	50
	無鹽奶油	50
	烤熟核桃	80
	葡萄乾	80

▶ 本配方可做 2 條 600g 吐司。
▶ 每支麵粉吸水性不同，水需適度增減。

作法

1　前一天將液種材料一同拌勻，鋼盆用保鮮膜封起，置於室溫靜置發酵，大約室溫 6 小時後，放冷藏。

2　攪拌缸加入主麵團所有材料（除了無鹽奶油、烤熟核桃、葡萄乾）。

3　慢速拌勻，轉中速攪打至擴展狀態，麵團終溫 26~28°C。（下圖）

4 加入室溫軟化的無鹽奶油打至完全擴展狀態（麵團扯開有薄膜），再加入烤熟核桃、葡萄乾慢速 1~2 分鐘，打到食材均勻散於麵團內即可。

5 基本發酵 40 分鐘（溫度 30°C；濕度 75%）。

6 用切麵刀分割 200g，收整為圓形。（圖 1~3）

7 中間發酵 15~20 分鐘（溫度 30°C；濕度 75%）。

8 因為有果乾與堅果，用摺的方式收整成團狀，共收摺兩次，最後收口處朝下，放入吐司模，麵團三個一模。（圖 4~9）

9 最後發酵至約 8 分滿（溫度 30°C；濕度 75%）。（圖 10~11）

10 送入預熱好的烤箱，上火 170°C/ 下火 230°C，烘烤 35 分鐘。

11 雙手戴上手套將吐司出爐，一出爐吐司立刻重敲桌面，把內部熱氣震出，倒扣脫模，表面抹無鹽奶油（配方外）增加亮度。（圖 12）

酵素飲的延伸變化

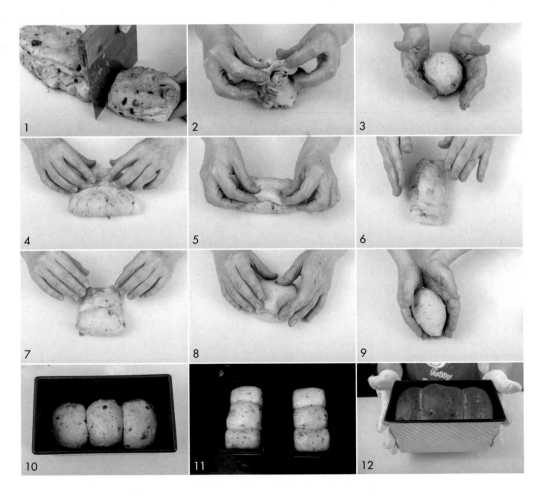

⑥ 桂圓紅棗黑糖吐司

賞味期限：常溫 3 天
保存期限：冷凍 20 天

材料		公克
中種	高筋麵粉	450
	No.32 芭樂鮮酵飲（P.62）	215
	乾酵母	1
主麵團	高筋麵粉	150
	全脂奶粉	50
	黑糖粉	70
	海鹽	6
	全蛋	50
	動物性鮮奶油	50
	冰水	40
	乾酵母	6
	無鹽奶油	40
	桂圓 80g/ 紅棗 40g	120
	黑糖粒	適量

▶ 本配方可做 2 條 600g 吐司。
▶ 桂圓、紅棗（去籽切小塊），
與 40g 蘭姆酒泡軟。

作法

1　中種所有材料拌勻，鋼盆用保鮮膜
封起，置於室溫發酵 1.5 小時（或
前一天放冷藏發酵）。

2　攪拌缸加入作法 1 發酵完成的中種、
主麵團所有材料（除了無鹽奶油、
桂圓、紅棗、黑糖粒）。

3　慢速拌勻，轉中速攪打至擴展狀態，
麵團終溫 26~28℃。

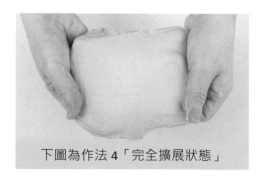

下圖為作法 4「完全擴展狀態」

4   加入室溫軟化的無鹽奶油打至完全擴展狀態（麵團扒開有薄膜），再加入桂圓、
     紅棗慢速 1~2 分鐘，打到食材均勻散於麵團內即可。

5   基本發酵 10 分鐘（溫度 30°C；濕度 75%）。

6   用切麵刀分割 100g，收整為圓形。（圖 1~4）

7   中間發酵 10 分鐘（溫度 30°C；濕度 75%）。

8   輕輕拍開，擀成長片捲起；轉向，再次擀開，撒適量黑糖粒，捲起收口，收口
     處朝下，放入吐司模，麵團六個一模。（圖 5~11）

9   最後發酵至約 8 分滿（溫度 30°C；濕度 75%）。（圖 12）

10   送入預熱好的烤箱，上火 150°C/ 下火 200°C，烘烤 35 分鐘。

11   雙手戴上手套將吐司出爐，一出爐吐司立刻重敲桌面，把內部熱氣震出，倒扣
     脫模，表面抹無鹽奶油（配方外）增加亮度。

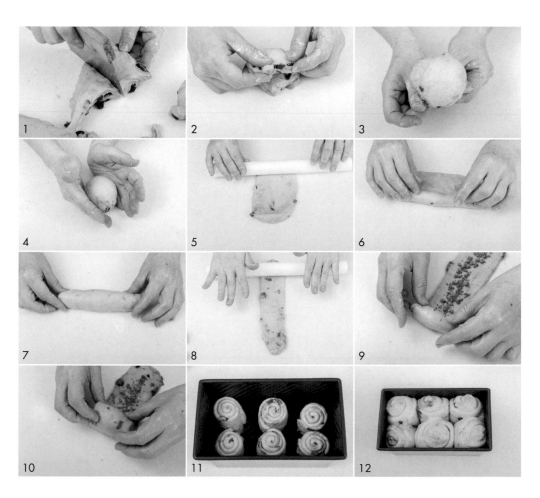

67 玄米油核果麵包

賞味期限：常溫 3 天
保存期限：冷凍 20 天

材料	公克
液種 法國麵粉	38
No.32 芭樂鮮酵飲（P.62）	38
主麵團 高筋麵粉	225
上白糖	50
海鹽	3
✨液種	75
酵母粉	4
冰水	130
玄米油	15
烤過椰子粉	25
熟杏仁角	40
熟南瓜籽	30

作法

1 前一天將液種材料一同拌勻，鋼盆用保鮮膜封起，置於室溫靜置發酵，大約室溫 6 小時後，放冷藏。

2 攪拌缸加入主麵團所有材料（除了玄米油、烤過椰子粉、杏仁角、南瓜籽）。

3 慢速拌勻，轉中速攪打至擴展狀態，麵團終溫 26~28℃。

▶ 本配方可做 100g，6 個。
▶ 椰子粉可以用上下火 150℃，烘烤 5 分鐘左右，烤到呈金黃色。

此為作法 2 攪拌初期

4 加入玄米油打至完全擴展狀態（麵團扯開有薄膜），再加入烤過椰子粉、杏仁角、南瓜籽慢速 1~2 分鐘，打到食材均勻散於麵團內即可。

5 基本發酵 20 分鐘（溫度 30˚C；濕度 75%）。

6 用切麵刀分割 100g，收整為圓形。（圖 1~4）

7 中間發酵 10 分鐘（溫度 30˚C；濕度 75%）。

8 輕輕拍開，擀成橢圓片，轉向底部壓平，收摺成橄欖形。（圖 5~8）

9 最後發酵 40 分鐘，發至兩倍大（溫度 30˚C；濕度 75%）。（圖 9）

10 表面篩適量高筋麵粉（配方外），割兩刀。（圖 10~12）

11 送入預熱好的烤箱，上火 210˚C/ 下火 200˚C，烘烤 10 分鐘。

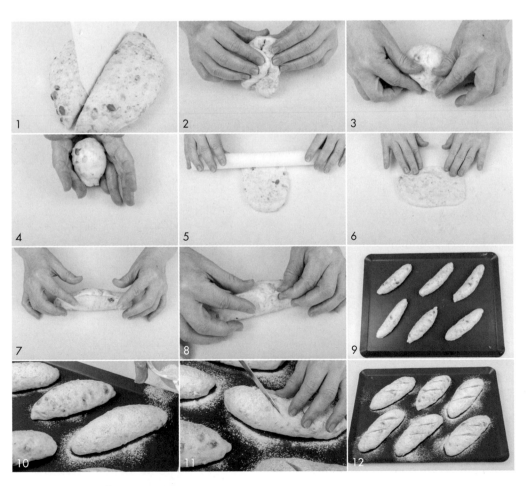

68 果香帶蓋吐司

材料		公克
液種	高筋麵粉	50
	No.32 芭樂鮮酵飲（P.62）	50
主麵團	高筋麵粉	500
	上白糖	60
	海鹽	8
	✦ 液種	100
	No.32 芭樂鮮酵飲渣（P.62）	100
	鮮奶	50
	冰水	190
	乾酵母	5
	無鹽奶油	50

作法

1 前一天將液種材料一同拌勻，鋼盆用保鮮膜封起，置於室溫靜置發酵，大約室溫 6 小時後，放冷藏。

2 攪拌缸加入主麵團所有材料（除了無鹽奶油）。

3 慢速拌勻，轉中速攪打至擴展狀態，麵團終溫 26~28°C。

▶ 本配方可做 2 條 500g 吐司。

下圖為作法 4「完全擴展狀態」

4 加入室溫軟化的無鹽奶油打至完全擴展狀態（麵團扯開有薄膜）。

5 基本發酵 40 分鐘（溫度 30°C；濕度 75%）。

6 用切麵刀分割 177g，收整為圓形。（圖 1）

7 中間發酵 15 分鐘（溫度 30°C；濕度 75%）。

8 輕輕拍開，擀成橢圓片，轉向底部壓平，收摺成長條狀；轉向，再次擀開，由前朝後收摺，收口處朝下放入吐司模，麵團三個一模。（圖 2~9）

9 最後發酵至約 8 分滿（溫度 30°C；濕度 75%）。（圖 10）

10 送入預熱好的烤箱，上下火 220°C，烘烤 30 分鐘左右。

11 雙手戴上手套將吐司出爐，出爐後立刻取下蓋子，底部重敲桌面，把內部熱氣震出，倒扣脫模。（圖 11~12）

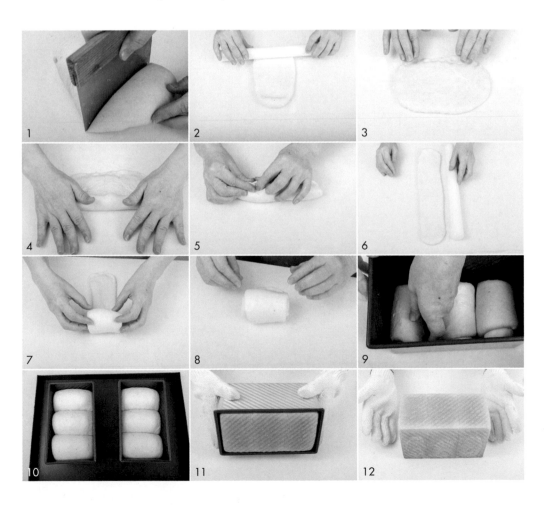

賞味期限：冷藏 3 天
保存期限：冷藏 3 天

▶ 戚風蛋糕本身是有濕潤感的蛋糕，加上這個蛋糕內裏會灌餡，我希望蛋糕吃起來是有濕潤感的。

材料		公克
麵糊	新鮮蛋白	120
	細砂糖	60
	沙拉油	45
	鮮奶	42
	低筋麵粉	60
	蛋黃	75
內餡	No.48 鳳梨果醬（P.89）	30
	動物性鮮奶油	200

▶ 動物性鮮奶油打至八分發，與鳳梨果醬拌勻。

▶ 杯模高 4 x 直徑 5 公分，約可做 11~12 個。

▶ 另外準備 TIP-230 花嘴（用來灌餡），與任意八齒花嘴（用來擠頂部造型）。

▶ 如果用 TIP-230 花嘴灌餡，製作鳳梨果醬時果肉要處理到非常細膩，不然會擠不出來。

作法

1 　乾淨鋼盆加入沙拉油、鮮奶拌勻。加入過篩低筋麵粉拌勻，加入蛋黃拌勻（此為蛋黃糊）。（圖 1~3）

2 　乾淨鋼盆底部墊一塊布，防止鋼盆位移；盆內加入新鮮蛋白，中速打到表面泛細泡泡，加入細砂糖（糖分 3 次下），中速打至 8~9 分發，介於濕性發泡與乾性發泡之間，勾起蛋白有一個小的鷹嘴（此為蛋白霜）。（圖 4~6）

▶ 分次加入糖，每次都把糖打到溶化再加下一次，糖分次加入蛋白會比較穩定。

3 取 1/3 蛋白霜倒入做法 1 蛋黃糊中，打蛋器由鋼盆外圍朝中心拌勻。（圖 7~8）

4 再倒回剩餘的蛋白霜中翻拌均勻，刮刀由鋼盆外圍朝中心輕柔地拌勻，避免拌的太大力消泡。（圖 9~10）

5 裝入擠花袋中，麵糊擠入杯模，擠約九分；用竹籤（細長條狀的物體）戳入隨意劃「Z」字，讓麵糊內部的小空氣出來。（圖 11）

6 送入預熱好的烤箱，上火 180℃/ 下火 160℃，烘烤 20 分鐘，出爐放涼。

7 內餡裝入擠花袋中，TIP-230 花嘴先把內餡灌入蛋糕內，戳入點再用八齒花嘴擠造型。（圖 12）

賞味期限：室溫 2 天
保存期限：冷凍 12 天

材料	公克
A 熟香蕉	165
No.28 香蕉鮮酵飲渣（P.57）	20
黑糖蜜	35
B 低筋麵粉	150
泡打粉	2
鹽	1
C 無鹽奶油	115
全蛋	175
黑糖粉	90

▶ 使用熟香蕉，熟蕉的香氣完全被時間烘托出來，烤出來的蛋糕不管在香氣、入口風味上都更勝新鮮香蕉。

▶ 長條紙模長 3 x 寬 3 x 高 3 公分，約可做 14 個。

作法

1 材料 B 粉類一同過篩。無鹽奶油隔水加熱，加熱到 40~50℃（這是使用時的溫度，與其他材料結合前務必保溫）。（圖 1）

2 熟香蕉用小打蛋器拌碎但不要太碎，保留些許口感；再加入鮮酵飲渣、黑糖蜜拌勻，隔水加熱至 40~50℃。（圖 2~3）

3 全蛋與黑糖粉拌勻，隔水加熱到約 40~45℃，手持型攪拌器中速打至八分發，把麵糊拉起畫 8，麵糊紋路不會立刻沉下，所有材料都盡可能保持溫度一致。（圖 4~7）

4 加入保溫無鹽奶油拌勻，加入作法 2 熟香蕉黑糖糊拌勻。（圖 8~9）

5 倒入過篩粉類拌勻。（圖 10）

6 麵糊裝入擠花袋，擠入長條紙模，擠約八分滿，每個約 40g。（圖 11~12）

7 送入預熱好的烤箱，上火 180℃/ 下火 160℃，烘烤 20 分鐘，出爐放涼。

巧克力鳳梨香蕉蛋糕

賞味期限：室溫 2 天
保存期限：冷凍 12 天

材料

材料		公克
Ⓐ	熟香蕉	165
	No.28 香蕉鮮酵飲渣（P.57）	20
	黑糖蜜	35
Ⓑ	低筋麵粉	140
	泡打粉	2
	鹽	1
	可可粉	10
Ⓒ	無鹽奶油	115
	全蛋	175
	黑糖粉	90

▶ 使用熟香蕉，熟蕉的香氣完全被時間烘托出來，烤出來的蛋糕不管在香氣、入口風味上都更勝新鮮香蕉。

▶ 長條紙模長 3 x 寬 3 x 高 3 公分，約可做 14 個。

▶ 作法同 No.71 鳳梨香蕉蛋糕（P.134）

作法

1 材料 B 粉類一同過篩。無鹽奶油隔水加熱，加熱到 40~50°C（這是使用時的溫度，與其他材料結合前務必保溫）。

2 熟香蕉用小打蛋器拌碎但不要太碎，保留些許口感；再加入鮮酵飲渣、黑糖蜜拌勻，隔水加熱至 40~50°C。

3 全蛋與黑糖粉拌勻，隔水加熱到約 40~45°C，手持型攪拌器中速打至八分發，把麵糊拉起畫 8，麵糊紋路不會立刻沉下，所有材料都盡可能保持溫度一致。

4 加入保溫無鹽奶油拌勻，加入作法 2 熟香蕉黑糖糊拌勻。

5 倒入過篩粉類拌勻。

6 麵糊裝入擠花袋，擠入長條紙模，擠約八分滿，每個約 40g。（圖 1~2）

7 送入預熱好的烤箱，上火 180°C/ 下火 160°C，烘烤 20 分鐘，出爐放涼。

冠軍廚藝還在用二砂白糖撐場？

國際認證黑糖 讓您 Hold 住全場

全台灣最好頂級黑糖可直接當糖果食用，自然結晶顆粒入口甘醇不反酸

2019
A.A無添加
★★★

2020
世界品質評鑑大賞
銀牌獎

2021
A.A全球純粹風味評鑑
★★

2021
世界品質評鑑大賞
金牌獎

2021
A.A全球純粹風味評鑑
★★★

可直接食用 300g

更多中西料理
食譜請上官網

醇黑糖細粉
烘焙料理用 250g

醇黑糖蜜
萬用 250g

 台灣黑糖第一品牌

愛用者服務專線:02-77093699
聯絡地址:台北市北投區中央南路2段36號2樓
網址:www.simagp.com

Pure 純淨
Natural 天然
Additive-Free 無添加物
Gluten-Free 無麩質過敏原
Customized 客製化生產

100% 純水磨製程
100% WET MILL PROCESS

堅持優良品質
CONSISTENT IN QUALITY

PING-TUNG FOODS

SUPERIOR ROUND GRAIN GLUTINOUS RICE FLOUR
雪花粉

RICE PANCAKE & WAFFLE MIX
米鬆餅粉

SUPERIOR ROUND GRAIN RICE FLOUR
超級水磨 蓬萊米粉

TAP SUPERIOR ROUND GRAIN RICE FLOUR
產銷履歷蓬萊米粉

SUPERIOR GLUTINOUS RICE FLOUR
超級水磨 糯米粉

SUPERIOR LONG GRAIN RICE FLOUR
超級水磨在來米粉

Let Ping Tung Foods help your best formula and cost optimization in your products 600g, 20kg, 25kg, 30kg and 500kg in your favor.

ISO9001 / ISO22000 / HALAL
PING TUNG FOODS Corp.
56, Hsin Sheng Road, Shin Tsuo Vill., Wan Luan, Ping Tung County, #92343, Taiwan

屏東農產脫份有限公司
TEL:886-8-7831133, FAX:886-8-7831075
e-mail: ptfoods@ptfoods.com.tw
www.ptfoods.com.tw

加油讚 3

天然氣泡酵素飲

國家圖書館出版品預行編目 (CIP) 資料

天然氣泡酵素飲 / 彭秋婷，方慧珠著 . -- 一版 . --
新北市：優品文化事業有限公司, 2022.07 144 面 ;
17X23 公分 . -- (加油讚 ; 3)

ISBN 978-986-5481-27-8 (平裝)

1.CST: 飲料 2.CST: 食譜 3.CST: 酵素

427.4   111009973

作　　　者	彭秋婷、方慧珠
總 編 輯	薛永年
美術總監	馬慧琪
文字編輯	蔡欣容
攝　　影	王隼人
出 版 者	優品文化事業有限公司
	電話：(02)8521-2523
	傳真：(02)8521-6206
	Email：8521service@gmail.com
	（如有任何疑問請聯絡此信箱洽詢）
	網站：www.8521book.com.tw
印　　刷	鴻嘉彩藝印刷股份有限公司
業務副總	林啟瑞 0988-558-575
總 經 銷	大和書報圖書股份有限公司
	新北市新莊區五工五路 2 號
	電話：(02)8990-2588
	傳真：(02)2299-7900
網路書店	www.books.com.tw 博客來網路書店
出版日期	2022 年 7 月
定　　價	350 元

上優好書網

LINE
官方帳號

Facebook
粉絲專頁

YouTube
頻道

天然氣泡酵素飲　　**讀者回函**

♥ 為了以更好的面貌再次與您相遇，期盼您說出真實的想法，給我們寶貴意見 ♥

姓名：	性別：□ 男　　□ 女	年齡：　　　　歲
聯絡電話：（日）　　　　　　　　　　（夜）		
Email：		
通訊地址：□□□-□□		
學歷：□ 國中以下　□ 高中　□ 專科　□ 大學　□ 研究所　□ 研究所以上		
職稱：□ 學生　□ 家庭主婦　□ 職員　□ 中高階主管　□ 經營者　□ 其他：		

● 購買本書的原因是？

□ 興趣使然 □ 工作需求 □ 排版設計很棒 □ 主題吸引 □ 喜歡作者

□ 喜歡出版社 □ 活動折扣 □ 親友推薦 □ 送禮 □ 其他：＿＿＿＿＿＿＿＿

● 就食譜叢書來說，您喜歡什麼樣的主題呢？

□ 中餐烹調 □ 西餐烹調 □ 日韓料理 □ 異國料理 □ 中式點心 □ 西式點心 □ 麵包

□ 健康飲食 □ 甜點裝飾技巧 □ 冰品 □ 咖啡 □ 茶 □ 創業資訊

□ 其他：＿＿＿＿＿＿＿＿＿＿＿＿＿＿＿＿＿＿＿＿＿＿＿＿＿＿

● 就食譜叢書來說，您比較在意什麼？

□ 健康趨勢 □ 好不好吃 □ 作法簡單 □ 取材方便 □ 原理解析 □ 其他：＿＿＿＿＿

● 會吸引你購買食譜書的原因有？

□ 作者 □ 出版社 □ 實用性高 □ 口碑推薦 □ 排版設計精美 □ 其他：＿＿＿＿＿

● 跟我們說說話吧～想說什麼都可以哦！

□□□-□□

寄件人　地址：

　　　　姓名：

廣　告　回　信
免　貼　郵　票
三重郵局登記證
三重廣字第 0751 號

平　信

24253 新北市新莊區化成路 293 巷 32 號

上優文化事業有限公司　收

◆ (優品)

天然氣泡酵素飲　**讀者回函**

〈請沿此虛線對折寄回〉

◆ 優品文化事業有限公司
　電話：(02)8521-2523
　傳真：(02)8521-6206
　信箱：8521service @ gmail.com

上優好書網　　FB 粉絲專頁　　YouTube 頻道　　LINE 官方帳號